FORMELSAMMLUNG UND ANLEITUNG FÜR DIE BERECHNUNG VON MASSIV-KONSTRUKTIONEN AUS EISENBETON

VON

BAUAMTMANN A. HERNDL
VORSTAND DER STATISCHEN ABTEILUNG DER LOKALBAUKOMMISSION
MÜNCHEN

MIT 157 ABBILDUNGEN IM TEXT

VERLAG VON DUNCKER & HUMBLOT
MÜNCHEN UND LEIPZIG
1914

Vorwort.

Mit Errichtung der Statischen Abteilung bei der Lokalbaukommission der Kgl. Haupt- und Residenzstadt München wurde der Zweck verfolgt, für die Berechnungen von Eisenbetonkonstruktionen, die bei der Baupolizeibehörde einzureichen sind, einheitliche Grundlagen zu geben.

Die genannte Abteilung hat nun im Laufe des vergangenen Jahres diese Unterlagen für den Verwaltungsbezirk München ausgearbeitet. Die Anerkennung, die das Werk gefunden hat, und das Bedürfnis, dasselbe weiteren Kreisen zugänglich zu machen, waren die Veranlassung, es im Buchdrucke erscheinen zu lassen.

Es besteht aus vier Teilen:

Der erste Teil umfaßt Tabellen und Formeln zur Berechnung von Platten, Plattenbalken und Stützen sowie eine Anleitung zur Berechnung der im Eisenbetonbau eine wichtige Rolle spielenden Schubspannungen.

Im zweiten Teil wurde der kontinuierliche Träger behandelt, der fast in jedem Geschäfts- und Fabrikgebäude aus Eisenbeton vorkommt. Neben dem algebraischen, allgemeinen Rechnungsverfahren wurden Tabellen für die Berechnung der größten Dimensionierungsmomente unter Wirkung von gleichmäßig verteilten Lasten aufgenommen. Für beliebige Laststellungen und ungleiche Spannweiten ist ein graphisches Verfahren mitgeteilt, das für die Praxis genug genaue Werte ergibt.

Der dritte Teil enthält die Berechnungsweise für den einfach unbestimmten Zweigelenkrahmen, der im Eisenbetonbau ebenfalls häufig vorkommt. Die Rechnungsarbeit für einige Gebilde dieser Art ist dadurch vereinfacht, daß die statisch Unbekannte für eine Reihe von Rahmenformen und Belastungsfällen mit gebundenen Formeln berechnet werden kann. Das Verfahren ist an Hand eines praktischen Beispiels erläutert.

Endlich gibt der vierte Teil ein Verfahren zur Bestimmung von mehrfach statisch unbestimmten Zweigelenkrahmen mit einer oder mehreren Pendelsäulen an. Auch hier wurden für bestimmte Rahmenformen und Belastungsfälle gebundene Formeln für die statisch Unbekannten abgeleitet.

Der Natur seiner Entstehung nach soll das vorliegende Werk kein Lehrbuch sein, sondern nur eine Anleitung bilden, wie die Berechnungen für Eisenbetonkonstruktionen zur Erlangung der baupolizeilichen Genehmigung behandelt werden sollen.

Der Verfasser hofft auf Grund der bis jetzt eingesetzten Nachfrage auf eine freundliche Aufnahme.

Albert Herndl.

Inhaltsverzeichnis.

Teil I.

	Seite
Tabelle für Rundeisen	1
A. Reine Biegung	2
a) Rechteck-Querschnitte	2
1. Formeln zur Ermittlung der Spannungen	2
2. Formeln zur Dimensionierung	2
b) Plattenbalken $x > d$	6
1. Formeln zur Ermittlung der Spannungen	6
2. Formeln zur Dimensionierung	6
c) Doppelt armierter Rechteck-Querschnitt	6
1. Formeln zur Ermittlung der Spannungen	6
2. Formeln und Tabellen zur Ermittlung der Eiseneinlagen bei gegebener Trägerhöhe	7
d) Doppelt armierter Plattenbalken $x > d$	7
e) Rechteck-Querschnitt mit Normalprofilen einfach bewehrt	7
f) Rechteck-Querschnitt mit Normalprofilen doppelt bewehrt	8
B. Biegung mit Axialdruck	8
C. Stützen	9
a) Zentrische Belastung	9
1. Säulen mit Längseisen bewehrt	9
2. Spiralarmierte Säulen	9
b) Exzentrische Belastung	9
D. Schubspannungen	10
a) Träger mit gleichmäßig verteilter Last	11
b) Träger mit gleichmäßig verteilter und konzentrierter Belastung	11
E. Kreuzweise armierte Platten	13

Teil II.

	Seite
Kontinuierlicher Träger	14
A. Allgemeines Rechnungsverfahren	14
B. Ungünstigste Laststellungen	16
C. Sonderfälle	17
Fall 1. Gleiche Stützweiten und gleichmäßig verteilte Lasten	17
a) Konstante gleichmäßig verteilte Belastung in allen Feldern	17
b) Gleichmäßig verteilte Verkehrslast unter Berücksichtigung der ungünstigsten Laststellungen	17

Seite
Fall 2. Ungleiche Stützweiten mit gleichmäßig verteilten Lasten bei
  Berücksichtigung der ungünstigsten Laststellungen 18
  D. Graphisches Verfahren 23

Teil III.

Zweistieliger Steifrahmen mit Fußgelenken 30
  A. Allgemeines 30
  B. Allgemeines Rechnungsverfahren 30
  C. Spezielle Fälle 33
  D. Rechnungsbeispiel 49

Teil IV.

Zweigelenkrahmen mit einer oder mehreren Pendelsäulen 54
  A. Allgemeines Rechnungsverfahren 54
  B. Beispiel 56
  C. Sonderfälle 65

Teil I.

Tabelle für Rundeisen.

Durch-messer mm	Ge-wicht kg/m	Fläche von								
		1 St. cm²	2 St. cm²	3 St. cm²	4 St. cm²	5 St. cm²	6 St. cm²	7 St. cm²	8 St. cm²	9 St. cm²	10 St. cm²
5	0,154	0,200	0,39	0,59	0,78	0,98	1,18	1,37	1,57	1,77	1,96
6	0,222	0,283	0,57	0,85	1,13	1,41	1,70	1,98	2,26	2,54	2,83
7	0,302	0,380	0,77	1,16	1,54	1,93	2,31	2,69	3,08	3,46	3,85
8	0,395	0,500	1,01	1,51	2,01	2,51	3,02	3,52	4,02	4,52	5,03
9	0,499	0,640	1,27	1,91	2,54	3,18	3,82	4,45	5,09	5,73	6,36
10	0,617	0,790	1,57	2,36	3,14	3,93	4,71	5,50	6,28	7,07	7,85
11	0,746	0,950	1,90	2,85	3,80	4,75	5,70	6,65	7,60	8,55	9,50
12	0,888	1,130	2,26	3,39	4,52	5,65	6,78	7,92	9,05	10,18	11,31
13	1,042	1,330	2,66	3,99	5,31	6,64	7,96	9,29	10,62	11,95	13,27
14	1,208	1,540	3,08	4,62	6,16	7,70	9,24	10,78	12,32	13,85	15,39
15	1,387	1,770	3,54	5,31	7,08	8,85	10,62	12,38	14,14	15,90	17,67
16	1,578	2,010	4,02	6,03	8,04	10,05	12,06	14,07	16,08	18,10	20,11
17	1,782	2,270	4,54	6,81	9,08	11,35	13,62	15,89	18,16	20,43	22,70
18	1,998	2,540	5,08	7,62	10,16	12,70	15,24	17,78	20,36	22,90	25,45
19	2,226	2,840	5,68	8,52	11,36	14,20	17,04	19,88	22,68	25,52	28,35
20	2,466	3,141	6,28	9,42	12,56	15,70	18,84	21,99	25,13	28,27	31,42
21	2,719	3,460	6,92	10,38	13,84	17,30	20,76	24,22	27,71	31,17	34,64
22	2,984	3,800	7,60	11,40	15,20	19,00	22,80	26,60	30,41	34,21	38,01
23	3,261	4,150	8,30	12,45	16,60	20,75	24,90	29,05	33,24	37,39	41,55
24	3,551	4,520	9,04	13,56	18,08	22,60	27,12	31,64	36,19	40,72	45,24
25	3,853	4,910	9,82	14,73	19,64	24,55	29,46	34,37	39,27	44,18	49,09
26	4,168	5,310	10,62	15,93	21,24	26,55	31,86	37,17	42,47	47,78	53,09
27	4,495	5,730	11,46	17,19	22,92	28,65	34,38	40,10	45,80	51,53	57,26
28	4,834	6,160	12,32	18,48	24,64	30,80	36,96	43,12	49,26	55,42	61,58
29	5,190	6,610	13,22	19,82	26,44	33,05	39,66	46,27	52,84	59,45	66,05
30	5,549	7,070	14,14	21,21	28,28	35,35	42,42	49,49	56,55	63,62	70,69
32	6,313	8,040	16,08	24,12	32,16	40,20	48,24	56,28	64,34	72,38	80,43
34	7,127	9,080	18,16	27,24	36,32	45,40	54,48	63,56	72,63	81,71	90,79
36	7,990	10,180	20,36	30,54	40,72	50,90	61,08	71,26	81,43	91,61	101,79
38	8,903	11,340	22,68	34,02	45,36	56,40	68,04	79,39	90,73	102,07	113,41
40	9,865	12,570	25,14	37,71	50,28	62,85	75,42	87,99	100,53	113,10	125,66
42	10,790	13,850	27,71	41,56	55,42	69,27	83,12	96,98	110,83	124,68	138,54
44	11,850	15,200	30,41	45,61	60,82	76,03	91,23	106,43	121,64	136,84	152,05
45	12,485	15,900	31,81	47,71	63,62	79,50	95,42	111,32	127,23	143,13	159,04
46	13,040	16,620	33,24	49,86	66,48	83,10	99,71	116,33	132,95	149,57	166,19
48	14,100	18,090	36,19	54,29	72,38	90,48	108,58	126,67	144,77	162,86	180,96
50	15,300	19,630	39,27	58,90	78,54	98,17	117,81	137,44	157,08	176,71	196,35

A. Reine Biegung.

a) Rechteck-Querschnitt.

1. Gegeben: M, h, b, f_e; gesucht: σ_b, σ_e.

$$x = \frac{n f_e}{b}\left[-1 + \sqrt{1 + \frac{2b \cdot h}{n f_e}}\right],$$

$$\sigma_b = \frac{2M}{bx\left(h - \dfrac{x}{3}\right)},$$

$$\sigma_e = \frac{M}{f_e\left(h - \dfrac{x}{3}\right)},$$

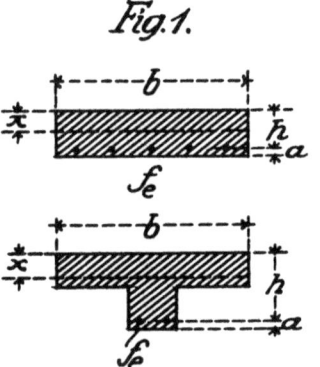

Fig. 1.

$M =$ Biegungsmoment der äußeren Kräfte,
$b =$ Profilbreite,
$f_e =$ Eisenfläche in der Zugzone,
$f_e' =$ Eisenfläche in der Druckzone,
$\sigma_b =$ größte Betonspannung,
$\sigma_e =$ größte Eisenspannung,
$h =$ Konstruktionshöhe.

2. Gegeben: M, b, σ_b, σ_e; gesucht: h, f_e.

$$x = \frac{2n\mu h}{1 + 2n\mu} = sh; \quad \mu = \frac{\sigma_b}{2\sigma_e},$$

$$h = \sqrt{\frac{2}{\left(1 - \dfrac{s}{3}\right) s \sigma_b}} \sqrt{\frac{M}{b}} = r\sqrt{\frac{M}{b}},$$

$$f_e = \frac{b}{r\left(1 - \dfrac{s}{3}\right) \cdot \sigma_e} \sqrt{\frac{M}{b}} = tb\sqrt{\frac{M}{b}}.$$

Dimensionierungstabelle für einfach bewehrte Träger.

σ_b	σ_e	x	$h - \frac{x}{3}$	h	f_e
10	1000	0,130 h	0,957 h	1,266 $\sqrt{M:b}$	0,00083 · b $\sqrt{M:b}$
11	»	0,142 »	0,953 »	1,161 »	0,00090 »
12	»	0,153 »	0,949 »	1,073 »	0,00098 »
13	»	0,163 »	0,946 »	0,999 »	0,00106 »
14	»	0,174 »	0,942 »	0,935 »	0,00114 »
15	»	0,184 »	0,939 »	0,880 »	0,00121 »
16	»	0,194 »	0,935 »	0,831 »	0,00128 »
17	»	0,203 »	0,932 »	0,788 »	0,00136 »
18	»	0,213 »	0,929 »	0,751 »	0,00143 »
19	»	0,222 »	0,926 »	0,716 »	0,00151 »
20	»	0,230 »	0,923 »	0,686 »	0,00159 »
21	»	0,240 »	0,920 »	0,657 »	0,00165 »
22	»	0,248 »	0,917 »	0,632 »	0,00173 »
23	»	0,257 »	0,914 »	0,610 »	0,00179 »
24	»	0,265 »	0,912 »	0,588 »	0,00187 »
25	»	0,273 »	0,909 »	0,568 »	0,00194 »
26	»	0,280 »	0,907 »	0,550 »	0,00200 »
27	»	0,288 »	0,904 »	0,532 »	0,00207 »
28	»	0,296 »	0,901 »	0,518 »	0,00214 »
29	»	0,303 »	0,899 »	0,504 »	0,00221 »
30	»	0,310 »	0,897 »	0,490 »	0,00228 »
31	»	0,317 »	0,894 »	0,477 »	0,00234 »
32	»	0,325 »	0,892 »	0,464 »	0,00242 »
33	»	0,331 »	0,890 »	0,453 »	0,00248 »
34	»	0,338 »	0,887 »	0,443 »	0,00254 »
35	»	0,344 »	0,885 »	0,433 »	0,00261 »
36	»	0,351 »	0,883 »	0,423 »	0,00267 »
37	»	0,357 »	0,881 »	0,414 »	0,00273 »
38	»	0,363 »	0,879 »	0,406 »	0,00280 »
39	»	0,369 »	0,877 »	0,398 »	0,00286 »
40	»	0,375 »	0,875 »	0,390 »	0,00293 »
41	»	0,381 »	0,873 »	0,383 »	0,00299 »
42	»	0,387 »	0,871 »	0,376 »	0,00306 »
43	»	0,392 »	0,869 »	0,370 »	0,00310 »
44	»	0,398 »	0,867 »	0,363 »	0,00317 »
45	»	0,403 »	0,866 »	0,357 »	0,00324 »
46	»	0,408 »	0,864 »	0,351 »	0,00330 »
47	»	0,413 »	0,862 »	0,346 »	0,00335 »
48	»	0,418 »	0,860 »	0,340 »	0,00341 »
49	»	0,424 »	0,859 »	0,335 »	0,00347 »
50	»	0,429 »	0,857 »	0,330 »	0,00354 »

Rundeisentabelle für Decken (Fläche in qcm).

Anzahl der Eisen	Abstand der Eisen cm	Durchmesser in Millimeter								
		5	6	7	8	9	10	11	12	13
4	25,0	0,78	1,13	1,54	2,01	2,54	3,14	3,80	4,52	5,31
4¼	23,5	0,83	1,20	1,64	2,14	2,70	3,34	4,04	4,81	5,64
4½	22,2	0,88	1,27	1,73	2,26	2,86	3,53	4,28	5,09	5,97
4¾	21,1	0,93	1,34	1,83	2,39	3,02	3,73	4,51	5,37	6,30
5	20,0	0,98	1,41	1,93	2,51	3,18	3,93	4,75	5,65	6,64
5¼	19,1	1,03	1,48	2,02	2,64	3,34	4,12	4,99	5,94	6,97
5½	18,2	1,08	1,56	2,12	2,76	3,50	4,32	5,23	6,22	7,30
5¾	17,4	1,13	1,63	2,21	2,89	3,66	4,52	5,46	6,50	7,63
6	16,7	1,18	1,70	2,31	3,02	3,82	4,71	5,70	6,78	7,96
6¼	16,0	1,23	1,77	2,41	3,14	3,98	4,91	5,94	7,07	8,30
6½	15,4	1,28	1,84	2,50	3,27	4,14	5,11	6,18	7,35	8,63
6¾	14,8	1,33	1,91	2,60	3,39	4,29	5,30	6,41	7,63	8,96
7	14,3	1,37	1,98	2,69	3,52	4,45	5,50	6,65	7,92	9,29
7¼	13,8	1,42	2,05	2,79	3,64	4,61	5,69	6,89	8,20	9,62
7½	13,3	1,47	2,12	2,89	3,77	4,77	5,89	7,13	8,48	9,95
7¾	12,9	1,52	2,19	2,98	3,90	4,93	6,09	7,37	8,77	10,30
8	12,5	1,57	2,26	3,08	4,02	5,09	6,28	7,60	9,05	10,62
8¼	12,1	1,62	2,33	3,17	4,15	5,25	6,48	7,84	9,33	11,00
8½	11,8	1,67	2,40	3,27	4,27	5,41	6,68	8,08	9,61	11,30
8¾	11,4	1,72	2,47	3,37	4,40	5,57	6,87	8,32	9,90	11,60
9	11,1	1,77	2,54	3,46	4,52	5,73	7,07	8,55	10,18	11,95
9¼	10,8	1,82	2,62	3,56	4,65	5,88	7,26	8,79	10,50	12,30
9½	10,5	1,87	2,69	3,66	4,78	6,04	7,46	9,03	10,70	12,60
9¾	10,3	1,91	2,76	3,75	4,90	6,20	7,66	9,27	11,00	12,90
10	10,0	1,96	2,83	3,85	5,03	6,36	7,85	9,50	11,31	13,27
10¼	9,8	2,01	2,90	3,94	5,15	6,52	8,05	9,74	11,60	13,60
10½	9,5	2,06	2,97	4,04	5,28	6,68	8,25	9,98	11,90	13,90
10¾	9,3	2,11	3,04	4,14	5,40	6,84	8,44	10,20	12,20	14,30
11	9,1	2,16	3,11	4,23	5,53	7,00	8,64	10,50	12,40	14,60
11¼	8,9	2,21	3,18	4,33	5,65	7,16	8,84	10,70	12,70	14,90
11½	8,7	2,26	3,25	4,43	5,78	7,32	9,03	10,90	13,00	15,30
11¾	8,5	2,31	3,32	4,52	5,91	7,48	9,23	11,20	13,30	15,60
12	8,3	2,36	3,39	4,62	6,03	7,63	9,42	11,40	13,60	15,90
12¼	8,2	2,41	3,46	4,71	6,16	7,79	9,62	11,60	13,90	16,30
12½	8,0	2,45	3,53	4,81	6,28	7,95	9,82	11,90	14,10	16,60
12¾	7,8	2,50	3,60	4,91	6,41	8,11	10,00	12,10	14,40	16,90
13	7,7	2,55	3,68	5,00	6,53	8,27	10,20	12,40	14,70	17,30
13¼	7,6	2,60	3,75	5,10	6,66	8,43	10,40	12,60	15,00	17,60
13½	7,4	2,65	3,82	5,20	6,79	8,59	10,60	12,80	15,30	17,90
13¾	7,3	2,70	3,89	5,29	6,91	8,75	10,80	13,10	15,60	18,30
14	7,1	2,75	3,96	5,39	7,04	8,91	11,00	13,30	15,80	18,60
14¼	7,0	2,80	4,03	5,48	7,16	9,07	11,20	13,50	15,90	18,90
14½	6,9	2,85	4,10	5,58	7,29	9,22	11,40	13,80	16,40	19,20
14¾	6,8	2,90	4,17	5,68	7,41	9,38	11,60	14,00	16,70	19,60
15	6,7	2,95	4,24	5,77	7,53	9,54	11,80	14,30	17,00	19,90

Platten-dicke d	Eisenbetonplatten bei einer Betonbeanspruchung von									Platten-dicke d
	30 kg pro cm²			35 kg pro cm²			40 kg pro cm²			
	M kgcm	f_e cm²	Rundeisen $\sigma_e = 1000\,kg/cm²$	M kgcm	f_e cm²	Rundeisen $\sigma_e = 1000\,kg/cm²$	M kgcm	f_e cm²	Rundeisen $\sigma_e = 1000\,kg/cm²$	
5	6 600	1,84	9½ ϕ 5	8 600	2,4	7 ϕ 7	10 500	3,0	8 ϕ 7	5
6	10 400	2,4	7 ϕ 7	13 500	3,0	8 ϕ 7	16 500	3,8	10 ϕ 7	6
7	15 000	2,9	8 ϕ 7	19 200	3,6	9½ ϕ 7	23 600	4,5	6 ϕ 10	7
8	20 500	3,3	9 ϕ 7	26 300	4,2	8½ ϕ 8	32 300	5,3	7 ϕ 10	8
9	26 000	3,7	10 ϕ 7	34 300	4,8	9½ ϕ 8	42 000	6,0	8 ϕ 10	9
10	34 000	4,3	9 ϕ 8	43 400	5,4	11 ϕ 8	53 000	6,8	9 ϕ 10	10
11	41 000	4,9	10 ϕ 8	53 300	6,0	12 ϕ 8	66 000	7,9	10 ϕ 10	11
12	50 000	5,2	7 ϕ 10	64 600	6,6	8½ ϕ 10	80 000	8,3	11 ϕ 10	12
13	60 000	5,6	7 ϕ 10	77 000	7,2	9½ ϕ 10	95 000	9,0	8 ϕ 12	13
14	71 000	6,1	8 ϕ 10	90 000	7,8	10 ϕ 10	111 000	9,7	8¾ ϕ 12	14
15	81 000	6,6	8½ ϕ 10	104 000	8,5	11 ϕ 10	129 000	10,5	9½ ϕ 12	15
16	93 000	7,0	9 ϕ 10	120 000	9,0	11½ ϕ 10	147 000	11,3	10 ϕ 12	16
17	106 000	7,4	9½ ϕ 10	137 000	9,7	8½ ϕ 12	168 000	12,0	10½ ϕ 12	17
18	120 000	8,0	10¼ ϕ 10	154 000	10,2	9 ϕ 12	190 000	12,8	11½ ϕ 12	18
19	135 000	8,4	7½ ϕ 12	173 000	10,9	9¾ ϕ 12	212 000	13,4	9 ϕ 14	19
20	150 000	8,9	8 ϕ 12	193 000	11,4	10¼ ϕ 12	230 000	14,1	9¼ ϕ 14	20
21	166 000	9,3	8½ ϕ 12	214 000	12,0	10¾ ϕ 12	264 000	15,1	10 ϕ 14	21
22	184 000	9,8	8¾ ϕ 12	236 000	12,7	11¼ ϕ 12	288 000	15,8	10½ ϕ 14	22
23	202 000	10,3	9¼ ϕ 12	258 000	13,2	9 ϕ 14	318 000	16,5	11 ϕ 14	23
24	220 000	10,7	9½ ϕ 12	282 000	13,8	9 ϕ 14	347 000	17,2	9 ϕ 16	24
25	240 000	11,2	10 ϕ 12	310 000	14,5	9½ ϕ 14	378 000	18,0	9 ϕ 16	25

Fensterstürze mit einer Decke und 1,5 m hohe Parapet belastet.

$$\sigma_e = 1000 \text{ kg/cm}.$$

Mauer-stärke cm	$l = 1,40$						$l = 2,00$					
	$\sigma_b = 40$		$\sigma_b = 35$		$\sigma_b = 30$		$\sigma_b = 40$		$\sigma_b = 35$		$\sigma_b = 30$	
	h cm	f_e mm	h cm	f_e mm	h cm	f_e mm	h cm	f_e mm	h cm	f_e mm	h cm	f_e mm
90	14,5	5 ϕ 15	16,0	5 ϕ 14	17,5	5 ϕ 13	19,7	6 ϕ 16	22,0	6 ϕ 15	23,5	5 ϕ 16
77	14,5	5 ϕ 14	16,0	5 ϕ 13	18,0	5 ϕ 12	20,5	6 ϕ 15	22,5	6 ϕ 15	25,0	5 ϕ 15
75	15,0	5 ϕ 14	16,2	5 ϕ 13	18,0	5 ϕ 12	20,5	6 ϕ 15	22,5	6 ϕ 14	25,5	5 ϕ 15
64	15,5	6 ϕ 12	16,8	4 ϕ 14	18,7	4 ϕ 13	21,2	6 ϕ 14	23,0	5 ϕ 15	26,0	5 ϕ 14
60	15,5	6 ϕ 12	17,0	5 ϕ 12	19,0	5 ϕ 11	21,6	6 ϕ 14	23,5	6 ϕ 13	26,5	4 ϕ 15
51	16,0	5 ϕ 12	17,6	5 ϕ 11	19,7	5 ϕ 11	22,5	6 ϕ 13	24,7	6 ϕ 12	27,5	4 ϕ 14
45	16,5	5 ϕ 12	18,3	5 ϕ 11	20,5	5 ϕ 10	23,2	5 ϕ 14	25,6	5 ϕ 13	29,0	5 ϕ 12
38	17,5	4 ϕ 12	19,0	5 ϕ 10	21,5	5 ϕ 10	24,5	5 ϕ 13	27,0	5 ϕ 12	30,0	4 ϕ 13
30	20,0	3 ϕ 13	20,6	3 ϕ 12	23,0	4 ϕ 10	26,0	5 ϕ 12	28,8	5 ϕ 11	32,5	4 ϕ 12
25	20,0	3 ϕ 12	22,0	4 ϕ 10	24,5	3 ϕ 11	30,0	5 ϕ 11	31,0	4 ϕ 12	34,5	4 ϕ 11

b) Plattenbalken $x > d$.

1. Gegeben: M, d, b, h, f_e; gesucht: σ_b, σ_e.

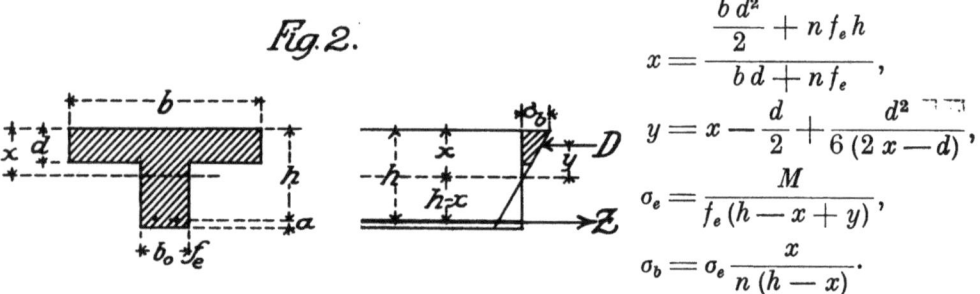

Fig. 2.

$$x = \frac{\dfrac{b d^2}{2} + n f_e h}{b d + n f_e},$$

$$y = x - \frac{d}{2} + \frac{d^2}{6(2x - d)},$$

$$\sigma_e = \frac{M}{f_e (h - x + y)},$$

$$\sigma_b = \sigma_e \frac{x}{n(h - x)}.$$

2. Gegeben: M, b, d, σ_b, σ_e; gesucht: h, f_e.

Zur Ermittlung der Unbekannten h und f_e dienen folgende Gleichungen[1]):

$$X = \varepsilon + \frac{M}{2 b d^2 \sigma_b},$$

$$\lambda = X + \sqrt{X^2 - \Psi},$$

$$h = \lambda \cdot d,$$

$$f_e = b d \frac{\sigma_b}{2 \sigma_e} \left(2 - \frac{3\Psi}{\lambda}\right).$$

σ_b	σ_e	ε	ψ	σ_b	σ_e	ε	ψ
30	750	0,917	0,889	30	1200	1,165	1,221
35	750	0,857	0,809	35	1200	1,069	1,092
40	750	0,813	0,751	40	1200	1,000	1,001
45	750	0,777	0,703	45	1200	0,942	0,923
50	750	0,750	0,667	50	1200	0,899	0,865
30	1000	1,054	1,072	32	950	0,994	0,992
35	1000	0,974	0,969	36	950	0,940	0,920
40	1000	0,916	0,888	40	950	0,896	0,861
45	1000	0,870	0,827				
50	1000	0,832	0,777				

c) Doppelt armierter Rechteck-Querschnitt.

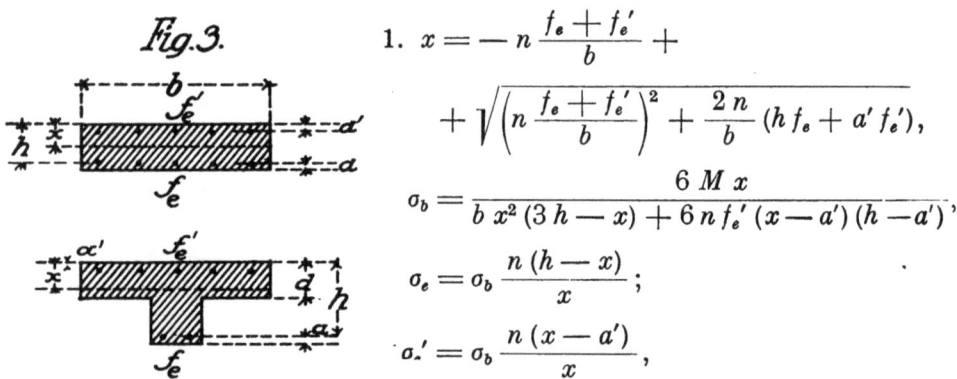

Fig. 3.

1. $x = -n \dfrac{f_e + f_e'}{b} +$

$$+ \sqrt{\left(n \frac{f_e + f_e'}{b}\right)^2 + \frac{2n}{b}(h f_e + a' f_e')},$$

$$\sigma_b = \frac{6 M x}{b x^2 (3h - x) + 6 n f_e' (x - a')(h - a')},$$

$$\sigma_e = \sigma_b \frac{n(h - x)}{x};$$

$$\sigma_e' = \sigma_b \frac{n(x - a')}{x},$$

---

[1]) Aus »Beton und Eisen« 1912, S. 121 [Lichtenstein Gustav].

wenn

$$f_e' = f_e, \quad x = -n\frac{2f_e}{b} + \sqrt{\left(n\frac{2f_e}{b}\right)^2 + \frac{2n}{b}f_e(h+a')}.$$

2. Gegeben: M, σ_b, σ_e, b, h; gesucht: x, f_e, f_e'; $\mu = \dfrac{\sigma_e}{\sigma_b}$.

σ_e	σ_b	μ	x	$\sigma_b \dfrac{n(3\mu+2n)}{6(\mu+n)^2}$	f_e'	f_e
1200	40	30	$\dfrac{h}{3}$	5,92	$\dfrac{h(M-5{,}92\,b\,h^2)}{600(h-3a')(h-a')}$	$\dfrac{b}{60h}\left[\dfrac{h^2}{3}+f_e'\dfrac{10}{b}(3h-9a')\right]$
1000	30	33,3	$\dfrac{3h}{9{,}66}$	4,17	$\dfrac{h(M-4{,}17\,b\,h^2)}{150(3h-9{,}66a')(h-a')}$	$\dfrac{b}{66{,}6\,h}\left[\dfrac{3}{9{,}66}h^2+f_e'\dfrac{10}{b}(3h-9{,}66a')\right]$
1000	32	31,25	$\dfrac{3h}{9{,}2}$	4,64	$\dfrac{h(M-4{,}64\,b\,h^2)}{160(3h-9{,}2a')(h-a')}$	$\dfrac{b}{62{,}5\,h}\left[\dfrac{3}{9{,}2}h^2+f_e'\dfrac{10}{b}(3h-9{,}20a')\right]$
1000	35	28,6	$\dfrac{3h}{8{,}7}$	5,33	$\dfrac{h(M-5{,}33\,b\,h^2)}{175(3h-8{,}7a')(h-a')}$	$\dfrac{b}{57{,}2\,h}\left[\dfrac{3}{8{,}7}h^2+f_e'\dfrac{10}{b}(3h-8{,}7a')\right]$
1000	40	25,0	$\dfrac{3h}{8}$	6,56	$\dfrac{h(M-6{,}56\,b\,h^2)}{200(3h-8a')(h-a')}$	$\dfrac{b}{50\,h}\left[\dfrac{3}{8}h^2+f_e'\dfrac{10}{b}(3h-8a')\right]$

d) Doppelt armierter Plattenbalken $x > d$.

Fig. 4.

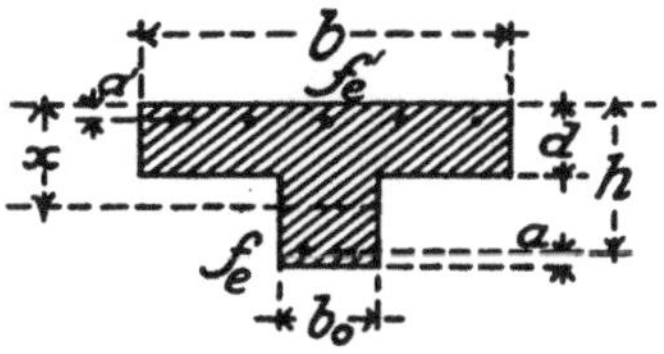

$$x = \frac{\dfrac{b\,d^2}{2} + n\,f_e\,h + n\,f_e'\,a'}{b\,d + n(f_e + f_e')},$$

$$y = x - \frac{d}{2} + \frac{d^2}{6(2x-d)},$$

$$\sigma_b = \frac{M\,x}{\dfrac{b\,d}{2}(2x-d)\,y + n\left[f_e(h-x)^2 + f_e'(x-a')^2\right]},$$

$$\sigma_e' = n\,\sigma_b\frac{x-a'}{x}; \quad \sigma_e = n\,\sigma_b\frac{h-x}{x}.$$

e) Rechteck-Querschnitt, mit Normalprofil einfach bewehrt.

J_0 = Trägheitsmoment des Normalprofils für die Schwerachse,
F_e = Querschnitt des Normalprofils, $f_e = \dfrac{F_e}{b}$.

Fig. 5.

$$y = H + n\,f_e - \sqrt{n\,f_e(n\,f_e + 2H - h)},$$

$$\sigma_e = \frac{M(H-y)}{\dfrac{1}{3}b(H-y)^3 + n(J_0 + F_e\,e^2)},$$

$$\sigma_e' = \sigma_e\frac{n \cdot y}{H-y}, \quad \sigma_e' = \sigma_b\frac{n \cdot (H-y)}{(h-y)}.$$

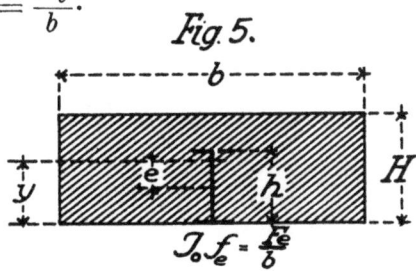

f) Rechteck-Querschnitt, doppelt, mit Normalprofil bewehrt.

J_0 und J_0' = Trägheitsmomente der Normalprofile für die Schwerachsen,
F_e und F_e' = Querschnitte der Normalprofile, $f_e = \dfrac{F_e}{b}$, $f_e' = \dfrac{F_e'}{b}$,

$$y = H + n(f_e + f_e')$$
$$- \sqrt{n(f_e + f_e')[n(f_e + f_e') + 2H] - n[2f'(H-a') + f_e h - f_e' a']},$$

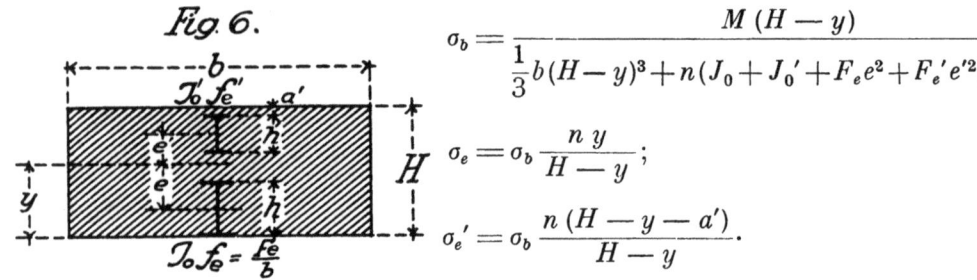

Fig. 6.

$$\sigma_b = \dfrac{M(H-y)}{\tfrac{1}{3} b(H-y)^3 + n(J_0 + J_0' + F_e e^2 + F_e' e'^2)},$$

$$\sigma_e = \sigma_b \dfrac{n y}{H-y};$$

$$\sigma_e' = \sigma_b \dfrac{n(H-y-a')}{H-y}.$$

B. Biegung mit Axialdruck.

a) Es treten keine Zugspannungen auf.

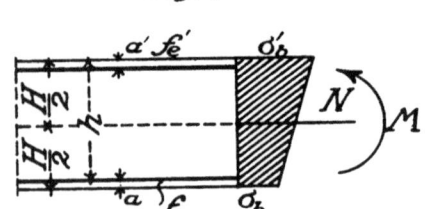

Fig. 7.

W und W' = Widerstandsmomente, unter Berücksichtigung der Eisenflächen in bezug auf die Schwerlinie.

$$\sigma_b' = -\dfrac{N}{f_b + n(f_e + f_e')} - \dfrac{M}{W'},$$

$$\sigma_b = -\dfrac{N}{f_b + n(f_e + f_e')} + \dfrac{M}{W}.$$

b) Es treten Zugspannungen auf.

1. Gegeben: M, N, f_e, f_e', h, b, $e = \dfrac{M}{N}$; gesucht: x, σ_b, σ_e.

$$x^3 + 3\left(e - \dfrac{H}{2}\right) x^2 + \dfrac{6n}{b}\left[f_e'\left(e - \dfrac{H}{2} + a'\right) + f_e\left(e + \dfrac{H}{2} - a'\right)\right] x$$
$$= \dfrac{6n}{b}\left[f_e' a'\left(e - \dfrac{H}{2} + a'\right) + f_e h\left(e + \dfrac{H}{2} - a'\right)\right],$$

$$\sigma_b = \dfrac{N x}{\dfrac{b x^2}{2} + n f_e'(x - a') - n f_e(h - x)},$$

$$\sigma_e = \sigma_b \dfrac{n(h-x)}{x}; \quad \sigma_e' = \sigma_b \dfrac{n(x-a')}{x}.$$

2. Gegeben: M, N, $f_e = f_e'$, $a = a'$, h, b; gesucht: x, σ_b, σ_e.

$$x^3 + 3\left(e - \dfrac{H}{2}\right) x^2 + 12 n e \dfrac{f_e}{b} x = \dfrac{6 n f_e}{b}\left[e(h+a) + (h-a)\left(\dfrac{H}{2} - a\right)\right],$$

$$\sigma_b = \frac{N}{\dfrac{bx}{2} + nf_e\dfrac{(2x-H)}{x}},$$

$$\sigma_e = \sigma_b\,\frac{n(h-x)}{x}; \quad \sigma_e' = \sigma_b\,\frac{n(x-a)}{x}.$$

C. Stützen.

a) Zentrische Belastung.

1. Säulen, mit Längseisen und Bügeln armiert.

$$P = (f_b + nf_e)\,\sigma_b, \quad \text{gültig für } f_e > \frac{0{,}8\,f_b}{100} < \frac{2{,}4\,f_b}{100},$$

$$\sigma_b = \frac{P}{f_b + nf_e}; \quad \sigma_e = n \cdot \sigma_b,$$

$P =$ Auflast,
$f_b =$ Betonquerschnitt,
$f_e =$ Querschnitt der Längseisen.

2. Spiralarmierte Säulen.

Die zulässige Belastung P der Säule berechnet sich aus der Formel:

$$P = \sigma_b\,(F_b + 15\,F_e + 30\,F_e').$$

σ_b ist die nach den bestehenden Vorschriften zulässige Druckspannung des Betons in Stützen,
F_b ist der gesamte Betonquerschnitt.
F_e ist der gesamte Querschnitt der senkrechten Eiseneinlagen,
F_e' ist der Querschnitt einer gedachten senkrechten Eiseneinlage, der entsteht, wenn die in der steigenden Einheit der Säule vorhandene Eisenmenge der Umschnürung in eine auf die gleiche Länge mit gleicher Menge angenommene Längseinlage umgewandelt wird.

b) Exzentrische Belastung.

Fig. 8.

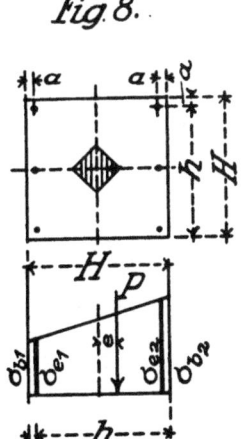

1. Last greift innerhalb des Kerns auf einer Symmetrieachse an.

$$\sigma_{b_1} = \frac{P}{F} - \frac{Pe}{J}\cdot\frac{H}{2}, \qquad \sigma_{b_2} = \frac{P}{F} + \frac{Pe}{J}\cdot\frac{H}{2},$$

$$\sigma_{e_1} = n\left[\frac{\sigma_{b_2}-\sigma_{b_1}}{H}a + \sigma_{b_1}\right], \quad \sigma_{e_2} = n\left[\frac{\sigma_{b_2}-\sigma_{b_1}}{H}h + \sigma_{b_1}\right].$$

2. Last greift im Kernrande auf einer Symmetrieachse an.

$$\sigma_{b_1} = 0, \qquad \sigma_{b_2} = \frac{2P}{F},$$

$$\sigma_{e_1} = n\,\frac{\sigma_{b_2}}{H}a, \quad \sigma_{e_2} = n\,\frac{\sigma_{b_2}}{H}h.$$

3. Last greift auf einer Symmetrieachse zwischen Kern- und Querschnittsrand oder außerhalb des Querschnitts an.

Unsymmetrische Eiseneinlage.

$$x^3 \mp 3 e x^2 + \frac{6n}{b} f_e (h \mp e) + f_e' (a \mp e)] x = \frac{6n}{b} [h f_e (h \mp e) + f_e' (a \mp e) a];$$

das obere Vorzeichen von e gilt, wenn P innerhalb des Querschnitts angreift.

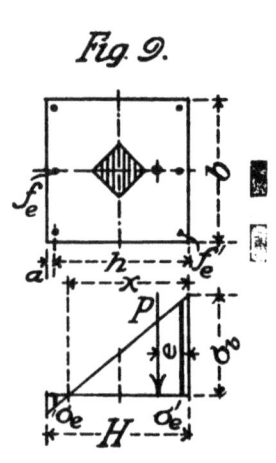

Fig. 9.

$$\sigma_b = \frac{P x}{\frac{x^2 b}{2} + n f_e' (x - a) - n f_e (h - x)}$$

$$\sigma_e = \sigma_b \frac{n (h - x)}{x}, \quad \sigma_e' = \sigma_b \frac{n (x - a)}{x}.$$

Bei symmetrischer Eiseneinlage.

$$x^3 \mp 3 e x^2 + \frac{6n}{b} f_e (H \mp 2e) x =$$
$$= \frac{6 n f_e}{b} [h (h \mp e) + a (a \mp e)],$$

$$\sigma_b = \frac{P x}{\frac{x^2 b}{2} + n f_e (2x - H)},$$

$$\sigma_e = \sigma_b \frac{n (h - x)}{x}, \quad \sigma_e' = \sigma_b \frac{n (x - a)}{x}.$$

D. Schubspannungen.

a) Träger mit gleichmäßig verteilter Belastung.

$P =$ Belastung des Trägers pr. lfd. m.

$\tau = \dfrac{V}{b_0 e} =$ größte Schubspannung pro qcm.

$b_0 =$ Trägerbreite bezw. Rippenbreite $< \dfrac{V}{15 e}$.

$e =$ Abstand der Resultanten der inneren Kräfte.

$V =$ größte Vertikalkraft.

$V_0 =$ Vertikalkraft, welche der nicht armierte Betonquerschnitt bei einer zulässigen Schubspannung $\tau_0 = 4{,}0$ kg/cm² aufnehmen kann.

$l_x =$ Abbiegestrecke $= \dfrac{V - V_0}{p}$; $\tau_e = \dfrac{V - V_0}{b_0 \cdot e}$.

Gesamtkraft der Stabaufbiegungen: $Z = \dfrac{V - V_0}{e} \dfrac{1}{2 \sqrt{2}} l_x$.

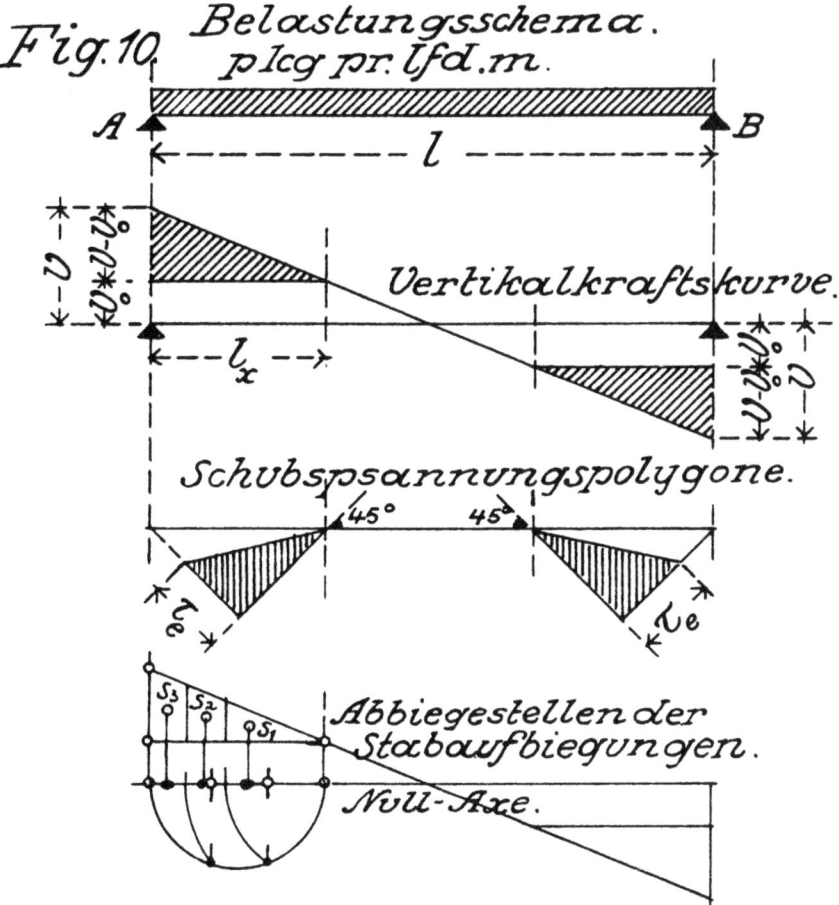

Fig. 10. Belastungsschema. p kg pr. lfd. m.

Vertikalkraftskurve.

Schubspannungspolygone.

Abbiegestellen der Stabaufbiegungen.

Null-Axe.

b) **Träger mit gleichmäßig verteilter und konzentrierter Belastung.**

a_2 Abbiegestrecke links.
a_3 Abbiegestrecke rechts.

$$\tau_e = \frac{V - V_0}{b_0 \, e},$$

$$\tau_1 = \frac{V - V_0 - a_1 p}{b_0 \, e},$$

$$\tau_1' = \frac{V - V_0 - a_1 p - P_1}{b_0 \, e},$$

$$\tau_2 = \frac{V - V_0 - a_2 p - P_1}{b_0 \, e}.$$

$$\tau_e' = \frac{V' - V_0}{b_0 \, e},$$

$$\tau_3 = \frac{V' - V_0 - a_3 p}{b_0 \, e}$$

Gesamtzugkraft der Stabaufbiegungen links: $Z_1 =$ Fig. 0 1 2 3 4 5 b_0.
Gesamtzugkraft der Stabaufbiegungen rechts: $Z_2 =$ Fig. 0' 1' 2' 3' $\cdot b_0$.

— 12 —

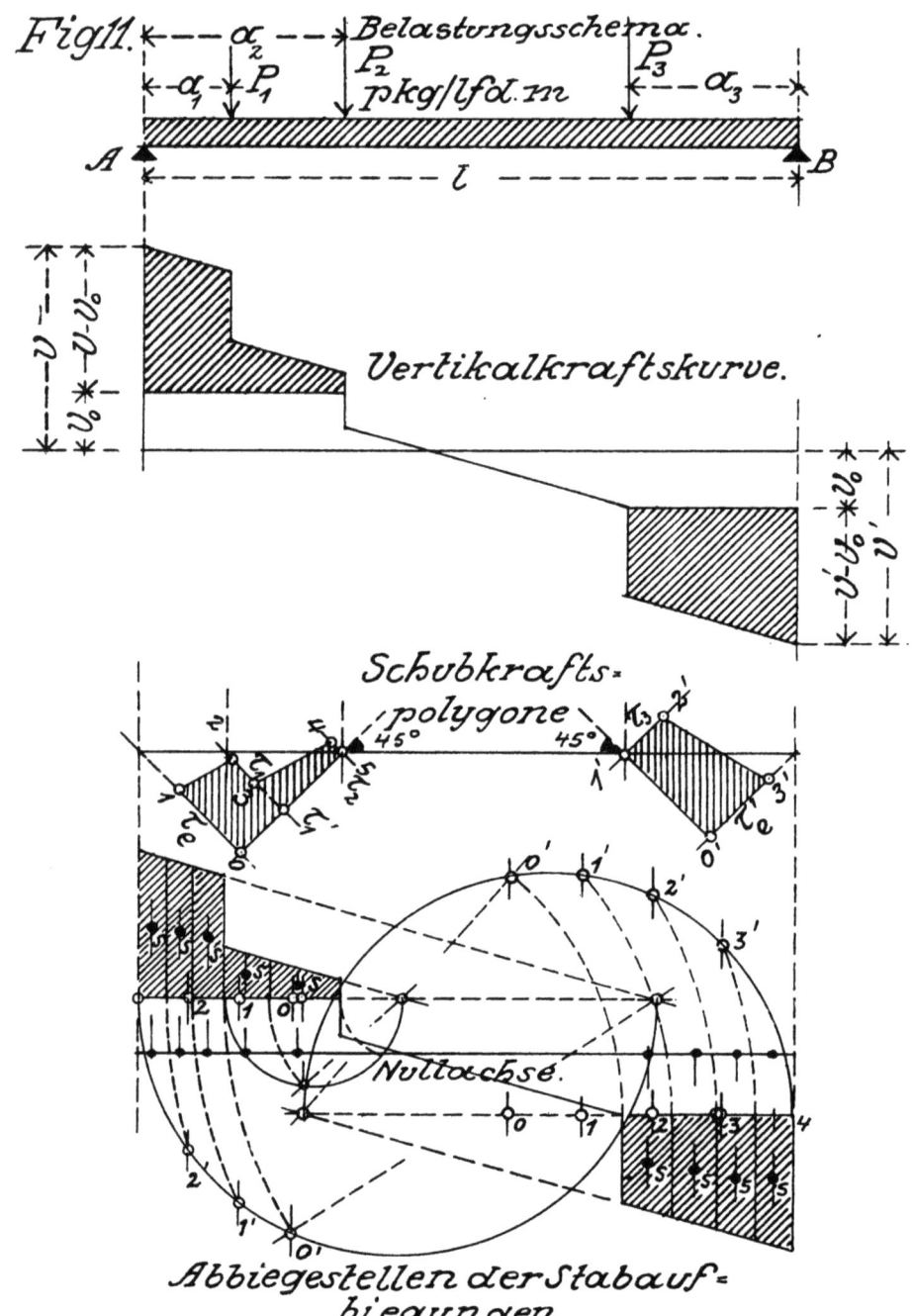

Fig 11. Belastungsschema.
Vertikalkraftskurve.
Schubkrafts=polygone.
Nullachse.
Abbiegestellen der Stabauf=biegungen.

E. Berechnung kreuzweis armierter Platten.

$q =$ Gesamtbelastung pro Quadratmeter; die kreuzweise armierte Platte werde aus sich kreuzenden Trägern zusammengesetzt gedacht.

$q_a =$ Belastung pro Quadratmeter in Richtung a.

$q_b =$ » » » » » » b.

$$q_a = \frac{b^4}{a^4 + b^4} q = \alpha q$$
$$q_b = \frac{a^4}{a^4 + b^4} q = \beta q$$

Die Anwendung dieser Formeln ist nur gültig für Verhältnisse $a:b \leq 1{,}5$.

$a:b$	α	β
1,00	0,5000	0,5000
1,05	0,4514	0,5486
1,10	0,4058	0,5942
1,15	0,3638	0,6362
1,20	0,3254	0,6746
1,25	0,2906	0,7094
1,30	0,2593	0,7497
1,35	0,2314	0,7686
1,40	0,2065	0,7935
1,45	0,1845	0,8155
1,50	0,1649	0,8351

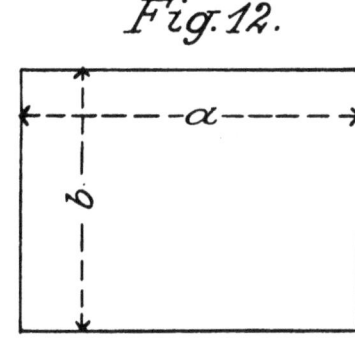

Fig. 12.

Die Auflagerreaktionen und die Momente für die beiden Tragrichtungen sind gegebenenfalls unter Berücksichtigung von Einspannung bezw. von Kontinuität zu ermitteln.

Teil II.

Kontinuierlicher Träger.

A. Allgemeines Rechnungsverfahren.

Ein kontinuierlicher oder durchlaufender Träger ist ein solcher, der, ohne gestoßen zu sein, auf mehr als zwei Stützen auflagert.

Er kann daher n Öffnungen und $n+1$ Auflager aufweisen, von denen eines fest, die übrigen verschiebbar sind. Es entstehen $n+1$ vertikale und eine horizontale Auflagerreaktion.

Die Belastung an irgend einer Stelle eines beliebigen Feldes beeinflußt die übrigen Felder so, daß die anfangs gerade Balkenachse in allen Feldern Biegungen erleidet. Die Balkenachse krümmt sich über den Stützen infolge von Biegungsmomenten. Diese Momente heißen Stützmomente.

Zur Ermittlung der Stützmomente dient folgende Gleichung (Clapeyron'sche Gleichung):

Fig. 1.

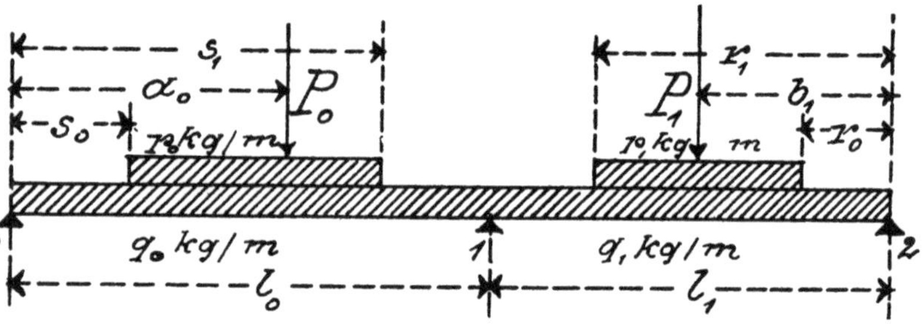

$$M_0 l_0 + 2 M_1 (l_0 + l_1) + M_2 l_1 = -[E' + E'' + E''']$$

$$E' = \frac{\Sigma P_0 a_0 (l_0^2 - a_0^2)}{l_0} + \frac{\Sigma P_1 b_1 (l_1^2 - b_1^2)}{l_1}$$

$$E'' = \frac{q_0 l_0^3}{4} + \frac{q_1 l_1^3}{4}$$

$$E''' = \frac{p_0 (s_1^2 - s_0^2)(2 l_0^2 - s_0^2 - s_1^2)}{4 l_0}$$
$$+ \frac{p_1 (r_1^2 - r_0^2)(2 l_1^2 - r_0^2 - r_1^2)}{4 l_1} \quad \ldots \quad (1)$$

Es bedeuten:

0, 1, 2 . . . . die von links nach rechts sich folgenden Stützpunkte des Trägers.

M_0, M_1, M_2, M_3 . . . . die mittels der Clapeyron'schen Gleichung zu bestimmenden Stützmomente.

A_1, A_2, A_3, linke Auflagerreaktionen, die von den Lasten der Felder 1, 2, 3, . . . verursacht werden.

B_1, B_2, B_3 . . . . rechte Auflagerreaktionen, die von den Lasten der Felder 1, 2, 3, . . . verursacht werden.

T_0, T_1, T_2, T_3, ... die Stützenreaktionen in den Auflagerpunkten 0, 1, 2, 3 . . . .

$\mathfrak{M}_1$, $\mathfrak{M}_2$, $\mathfrak{M}_3$ . . . . die größten Feldmomente.

Ferner wird angenommen:

a) Alle Stützpunkte 0, 1, 2, 3 . . . liegen gleich hoch.
b) Der Träger lagert auf Schneiden.
c) Das Trägheitsmoment des Trägers sei konstant.

Wenn auch die Voraussetzung unter b) bei Eisenbetonbalken im allgemeinen nicht zutrifft, so können nach Versuchen von Dr. Probst die Gesetze der Kontinuität angewendet werden.

Vorausgesetzt wird stets, wenn keine Konsolmomente wirken, daß die Endstützen frei aufliegen.

Zur Ermittlung der Stützenmomente dient die Clapeyron'sche Gleichung 1), welche für zwei aufeinanderfolgende Felder gilt.

Man erhält so viele Gleichungen, als unbekannte Stützmomente vorhanden sind.

Im allgemeinen lauten diese Gleichungen:

$$o + a_1 M_1 + b_1 M_2 = C_1$$
$$a_2 M_1 + b_2 M_2 + c_1 M_3 = C_2$$
$$b_3 M_2 + c_2 M_3 + d_1 M_4 = C_3$$
$$c_3 M_3 + d_2 M_4 + o = C_4.$$

Ist N die Nennerdeterminante dieses Gleichungssystems und Z_1, Z_2, Z_3, Z_4 die Zählerdeterminanten, so ist:

$$M_1 = \frac{Z_1}{N}, \quad M_2 = \frac{Z_2}{N}, \quad M_3 = \frac{Z_3}{N}, \quad M_4 = \frac{Z_4}{N}.$$

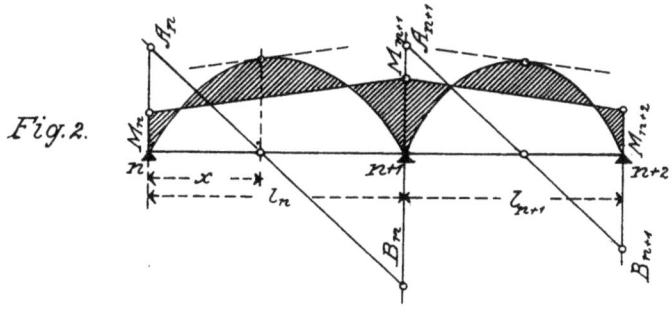

Fig. 2.

$A_n =$ linke Auflagerreaktion des Trägers l_n,
$A_{0n} =$ linke » » frei aufliegenden Trägers l_n,
$B_n =$ rechte » » Trägers l_n,
$B_{0n} =$ rechte » » frei aufliegenden Trägers l_n,
$A_{n+1} =$ linke » » Trägers l_{n+1},
$A_{0n+1} =$ linke » » frei aufliegenden Trägers l_{n+1},
$B_{n+1} =$ rechte » » Trägers l_{n+1},
$B_{0n+1} =$ rechte » » frei aufliegenden Trägers l_{n+1}.

$$A_n = \frac{M_{\text{rechts}} - M_{\text{links}}}{l_n} + A_{0n} \quad (2) \qquad A_{n+1} = \frac{M_{\text{rechts}} - M_{\text{links}}}{l_{n+1}} + A_{0n+1} \quad (4)$$

$$B_n = \frac{M_{\text{links}} - M_{\text{rechts}}}{l_n} + B_{0n} \quad (3) \qquad B_{n+1} = \frac{M_{\text{links}} - M_{\text{rechts}}}{l_{n+1}} + B_{0n+1} \quad (5)$$

$$\text{Stützdruck:} \quad T_{n+1} = B_n + A_{n+1} \quad \ldots \ldots \quad (6)$$

In die Gleichungen (2), (3), (4), (5) sind die Momente mit ihren Vorzeichen einzusetzen.

Das größte Feldmoment entsteht in dem Querschnitt, in welchem die Querkraft Null wird.

$$M_x = \frac{M_n (l_n - x_n)}{l_n} + \frac{M_{n+1} \cdot x}{l_n}$$

$$+ \frac{x}{l_n} \Sigma P (l_n - a) - \Sigma P (x - a) + \frac{q x}{2} (l_n - x) \quad \ldots \quad (7)$$

B. Ungünstigste Laststellungen.

In den meisten Fällen setzen sich die Lasten zusammen aus:

a) ständiger Last (gkg pro lfd. m) infolge von Eigengewicht, Aufmauerung etc.;

b) veränderlicher Last (qkg pro lfd. m) infolge von Verkehrs-, Schnee- und Windlast.

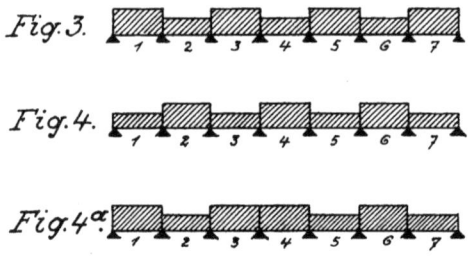

Fig. 3.
Fig. 4.
Fig. 4^a.

Ein Feld wird im nachstehenden als entlastet betrachtet, wenn nur die ständige Last wirkt, vollbelastet, wenn ständige und veränderliche Last gleichzeitig wirken.

Die Feldmomente der ungeraden Felder erhalten ihren Größtwert, wenn alle ungeraden Felder vollbelastet sind.

Die Feldmomente der geraden Felder erhalten ihren Größtwert, wenn alle geraden Felder belastet sind.

Ein Stützmoment (4) und Stützkraft erhalten Größtwerte, wenn die der betrachteten Stütze anliegenden Felder vollbelastet sind, während dann abwechselnd ein Feld unbelastet, das folgende belastet ist.

C. Sonderfälle.

Fall 1. Gleiche Stützweiten l mit gleichmäßig verteilten Lasten. Es sind höchstens 3 Öffnungen zu berücksichtigen.

a) Konstante, gleichmäßig verteilte Belastung in allen Feldern.

		Anzahl der Stützen			
		3	4	5	6
Stützenmomente	M_0	0	0	0	0
»	M_1	$-0{,}1250\,g\,l^2$	$-0{,}1000\,g\,l^2$	$-0{,}1071\,g\,l^2$	$-0{,}1053\,g\,l^2$
»	M_2	0	$-0{,}1000\,g\,l^2$	$-0{,}0714\,g\,l^2$	$-0{,}0789\,g\,l^2$
»	M_3		0	$-0{,}1071\,g\,l^2$	$-0{,}0789\,g\,l^2$
»	M_4			0	$-0{,}1053\,g\,l^2$
»	M_5				0
Feldmomente	$\mathfrak{M}_1$	$+0{,}0703\,g\,l^2$	$+0{,}0800\,g\,l^2$	$+0{,}0772\,g\,l^2$	$+0{,}0779\,g\,l^2$
»	$\mathfrak{M}_2$	$+0{,}0703\,g\,l^2$	$+0{,}0250\,g\,l^2$	$+0{,}0363\,g\,l^2$	$+0{,}0332\,g\,l^2$
»	$\mathfrak{M}_3$		$+0{,}0800\,g\,l^2$	$+0{,}0363\,g\,l^2$	$+0{,}0461\,g\,l^2$
»	$\mathfrak{M}_4$			$+0{,}0772\,g\,l^2$	$+0{,}0332\,g\,l^2$
»	$\mathfrak{M}_5$				$+0{,}0779\,g\,l^2$
Stützdruck	T_0	$0{,}375\,g\,l$	$0{,}400\,g\,l$	$0{,}3929\,g\,l$	$0{,}3947\,g\,l$
»	T_1	$1{,}250\,g\,l$	$1{,}100\,g\,l$	$1{,}1428\,g\,l$	$1{,}1316\,g\,l$
»	T_2	$0{,}375\,g\,l$	$1{,}100\,g\,l$	$0{,}9286\,g\,l$	$0{,}9737\,g\,l$
»	T_3		$0{,}400\,g\,l$	$1{,}1428\,g\,l$	$0{,}9737\,g\,l$
»	T_4			$0{,}3929\,g\,l$	$1{,}1316\,g\,l$
»	T_5				$0{,}3947\,g\,l$

b) Gleichmäßig verteilte Verkehrslast (q/t pro lfd. m) unter Berücksichtigung der ungünstigsten Laststellungen.

	$\frac{x}{l}$	3 Stützen Momente		4 Stützen Momente	
		$\dfrac{\max(+M)}{q\,l^2}$	$\dfrac{\max(-M)}{q\,l^2}$	$\dfrac{\max(+M)}{q\,l^2}$	$\dfrac{\max(-M)}{q\,l^2}$
1. Öffnung	0	0,00	0,00	0,00	0,00
	0,1	$+0{,}0388$	$-0{,}0063$	$+0{,}0400$	$-0{,}0050$
	0,2	$+0{,}0675$	$-0{,}0125$	$+0{,}0700$	$-0{,}0100$
	0,3	$+0{,}0863$	$-0{,}0188$	$+0{,}0900$	$-0{,}0150$
	0,4	$+0{,}0950$	$-0{,}0250$	$+0{,}1000$	$-0{,}0200$
	0,5	$+0{,}0937$	$-0{,}0313$	$+0{,}1000$	$-0{,}0250$
	0,6	$+0{,}0825$	$-0{,}0375$	$+0{,}0900$	$-0{,}0300$
	0,7	$+0{,}0613$	$-0{,}0438$	$+0{,}0700$	$-0{,}0350$
	0,8	$+0{,}0300$	$-0{,}0500$	$+0{,}0402$	$-0{,}0402$
	0,9	$+0{,}0060$	$-0{,}0736$	$+0{,}0204$	$-0{,}0654$
	1,0	$+0{,}0000$	$-0{,}1250$	$+0{,}0167$	$-0{,}1167$
2. Öffnung	0			$+0{,}0167$	$-0{,}1167$
	0,1			$+0{,}0151$	$-0{,}0701$
	0,2			$+0{,}0300$	$-0{,}0500$
	0,3			$+0{,}0550$	$-0{,}0500$
	0,4			$+0{,}0700$	$-0{,}0500$
	0,5			$+0{,}0750$	$-0{,}0500$

3 Stützen.

Stützmoment:
$$M_{1\max} = -0{,}125\,(g+q)\,l^2.$$

Feldmoment:
$$\mathfrak{M}_{1\max} = +(0{,}0703\,g + 0{,}095\,q)\,l^2.$$

4 Stützen.

Stützmoment:
$$M_{1\max} = M_{2\max} = -(0{,}100\,g + 0{,}1167\,q)\,l^2.$$

Endfeldmomente:
$$\mathfrak{M}_{1\max} = \mathfrak{M}_{3\max} = +(0{,}08\,g + 0{,}10\,q)\,l^2.$$

Mittelfeld:
$$\mathfrak{M}_{2\max} = +(0{,}025\,g + 0{,}075\,q)\,l^2.$$

$\frac{x}{l}$	5 Stützen			
	Momente		Momente	
	$\frac{\max(+M)}{q l^2}$	$\frac{\max(-M)}{q l^2}$	$\frac{\max(+M)}{q l^2}$	$\frac{\max(-M)}{q l^2}$
0	0,00	0,00		
0,1	+ 0,0396	— 0,0054		
0,2	+ 0,0693	— 0,0107		
0,3	+ 0,0889	— 0,0161		
0,4	+ 0,0986	— 0,0214		
0,5	+ 0,0982	— 0,0268		
0,6	+ 0,0878	— 0,0321		
0,7	+ 0,0675	— 0,0375		
0,8	+ 0,0374	— 0,0431		
0,9	+ 0,0163	— 0,0677		
1,0	+ 0,0134	— 0,1205		
0			+ 0,0134	— 0,1205
0,1			+ 0,0145	— 0,0721
0,2			+ 0,0300	— 0,0500
0,3			+ 0,0568	— 0,0482
0,4			+ 0,0736	— 0,0464
0,5			+ 0,0804	— 0,0446
0,6			+ 0,0772	— 0,0429
0,7			+ 0,0639	— 0,0411
0,8			+ 0,0417	— 0,0403
0,9			+ 0,0311	— 0,0611
1,0			+ 0,0357	— 0,1071

(1. Öffnung for rows $\frac{x}{l} = 0 \ldots 1{,}0$; 2. Öffnung for the second block.)

5 Stützen.

Stützmomente:
$$M_{1\max} = M_{3\max} = -(0{,}1701\, g + 0{,}120\, q)\, l^2,$$
$$M_{2\max} = -(0{,}0714\, g + 0{,}1071\, q)\, l^2.$$

Feldmomente:
$$\mathfrak{M}_{1\max} = \mathfrak{M}_{4\max} = +(0{,}077 + 0{,}0986\, q)\, l^2,$$
$$\mathfrak{M}_{2\max} = \mathfrak{M}_{3\max} = +(0{,}363\, g + 0{,}0804\, q)\, l^2.$$

Fall 2. Ungleiche Stützweiten. Belastet mit gleichmäßig verteilten Lasten unter Berücksichtigung der ungünstigsten Laststellungen.

Fig. 5$^\alpha$. $\quad n = \dfrac{l}{l_1}$

n	$\dfrac{M_1}{g\, l_1^2}$	$\dfrac{A}{g\, l_1}$	$\dfrac{C}{g\, l_1}$	$\dfrac{T}{g\, l_1}$
0,3	— 0,09875	+ 0,40125	— 0,1791	+ 1,0779
0,4	— 0,09500	+ 0,40500	— 0,0375	+ 1,0325
0,5	— 0,09375	+ 0,40625	+ 0,0625	+ 1,0313
0,6	— 0,09500	+ 0,40500	+ 0,14166	+ 1,0533
0,7	— 0,09875	+ 0,40125	+ 0,20892	+ 1,0898
0,8	— 0,10500	+ 0,39500	+ 0,26875	+ 1,1363
0,9	— 0,11375	+ 0,38625	+ 0,32361	+ 1,1901
1,0	— 0,12500	+ 0,37500	+ 0,37500	+ 1,2500
1,1	— 0,13875	+ 0,36125	+ 0,42386	+ 1,3148
1,2	— 0,15500	+ 0,34500	+ 0,47083	+ 1,3841
1,3	— 0,17375	+ 0,32625	+ 0,51634	+ 1,4574
1,4	— 0,19500	+ 0,30500	+ 0,56071	+ 1,5342
1,5	— 0,21875	+ 0,28125	+ 0,60416	+ 1,6145
1,6	— 0,24500	+ 0,25500	+ 0,64687	+ 1,6981
1,7	— 0,27375	+ 0,22625	+ 0,68897	+ 1,7847
1,8	— 0,30500	+ 0,19500	+ 0,73055	+ 1,8744
1,9	— 0,33875	+ 0,16125	+ 0,77171	+ 1,9670
2,0	— 0,37500	+ 0,12500	+ 0,81250	+ 2,0625

$$M_1 = -\frac{1+n^3}{8(1+n)} \cdot g\, l_1^2$$

$$C = \frac{3 n^3 + 4 n^2 - 1}{8 n (n+1)} \cdot g\, l_1$$

$$A = \frac{3 + 4 n - n^3}{8 (1+n)} \cdot g\, l_1$$

$$T = \frac{n^3 + 4 n^2 + 4 n + 1}{8 n} \cdot g\, l_1$$

Fig. 5 b. $\quad n = \dfrac{l}{l_1}$

n	$\dfrac{M_1}{q\,l_1^2}$	$\dfrac{A}{q\,l_1}$	$\dfrac{C}{q\,l_1}$	$\dfrac{T}{q\,l_1}$
0,3	−0,09615	+0,4038	−0,3205	+0,9166
0,4	−0,08928	+0,4107	−0,2232	+0,8125
0,5	−0,08333	+0,4166	−0,1666	+0,7500
0,6	−0,07812	+0,4219	−0,1302	+0,7083
0,7	−0,07353	+0,4265	−0,1051	+0,6786
0,8	−0,06944	+0,4305	−0,0868	+0,6563
0,9	−0,06579	+0,4342	−0,0731	+0,6388
1,0	−0,06250	+0,4375	−0,0625	+0,6250
1,1	−0,05952	+0,4405	−0,0541	+0,6136
1,2	−0,05682	+0,4432	−0,0473	+0,6042
1,3	−0,05435	+0,4457	−0,0418	+0,5961
1,4	−0,05208	+0,4479	−0,0372	+0,5893
1,5	−0,05000	+0,4500	−0,0333	+0,5833
1,6	−0,04807	+0,4519	−0,0300	+0,5781
1,7	−0,04629	+0,4537	−0,0272	+0,5735
1,8	−0,04464	+0,4554	−0,0248	+0,5694
1,9	−0,04310	+0,4569	−0,0227	+0,5658
2,0	−0,04160	+0,4583	−0,0208	+0,5625

$$M_1 = -\frac{1}{8(1+n)} \cdot q\,l_1^2$$

$$A = \frac{3+4n}{8(1+n)} \cdot q\,l_1$$

$$C = -\frac{1}{8n(1+n)} \cdot q\,l_1$$

$$T = \frac{1+4n}{8n} \cdot q\,l_1$$

Fig. 5 c. $\quad n = \dfrac{l}{l_1}$

n	$\dfrac{M_1}{q\,l_1^2}$	$\dfrac{A}{q\,l_1}$	$\dfrac{C}{q\,l_1}$	$\dfrac{T}{q\,l_1}$
0,3	−0,0026		+0,1413	+0,1613
0,4	−0,0057		+0,1857	+0,2200
0,5	−0,0104		+0,2292	+0,2813
0,6	−0,0169		+0,2719	+0,3450
0,7	−0,0252		+0,3140	+0,4113
0,8	−0,0355	Dieselben	+0,3555	+0,4800
0,9	−0,0479	Koeffizien-	+0,3967	+0,5513
1,0	−0,0625	ten wie	+0,4375	+0,6250
1,1	−0,0792	für M_1	+0,4780	+0,7013
1,2	−0,0982		+0,5182	+0,7800
1,3	−0,1194		+0,5581	+0,8613
1,4	−0,1430		+0,5979	+0,9450
1,5	−0,1688		+0,6375	+1,0313
1,6	−0,1969		+0,6769	+1,1200
1,7	−0,2275		+0,7162	+1,2113
1,8	−0,2604		+0,7553	+1,3050
1,9	−0,2956		+0,7943	+1,4013
2,0	−0,3333		+0,8333	+1,5000

$$M_1 = -\frac{n^3}{8(1+n)} \cdot q\,l_1^2$$

$$A = \frac{n^3}{8(1+n)} \cdot q\,l_1$$

$$C = \frac{4n+3n^2}{8(1+n)} \cdot q\,l_1$$

$$T = \frac{4n+n^2}{8} \cdot q\,l_1$$

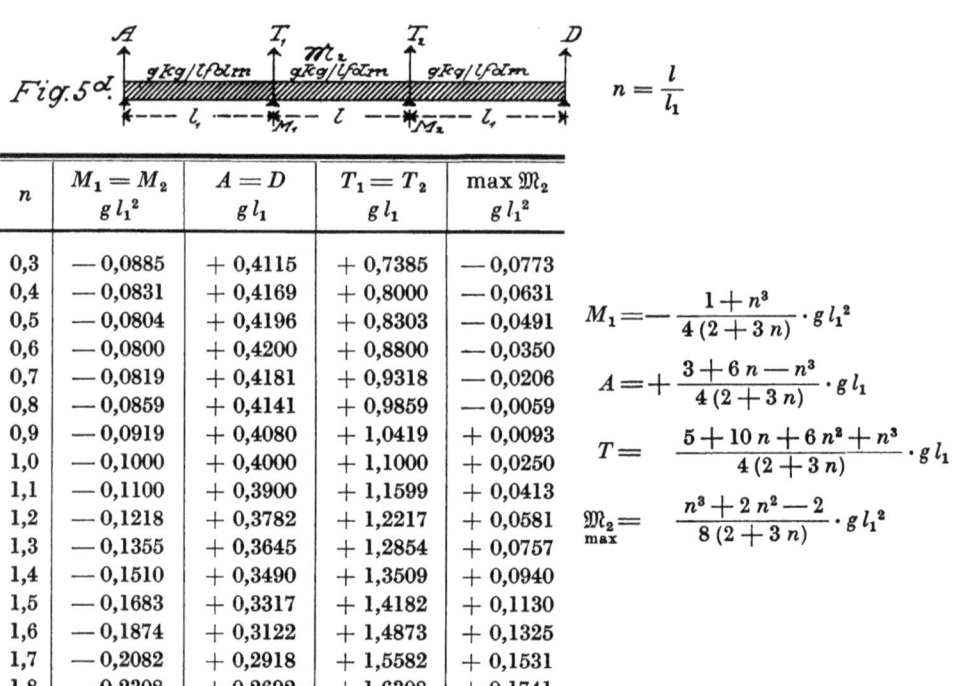

Fig. 5 d. $n = \dfrac{l}{l_1}$

n	$M_1 = M_2$ $g\,l_1^2$	$A = D$ $g\,l_1$	$T_1 = T_2$ $g\,l_1$	max $\mathfrak{M}_2$ $g\,l_1^2$
0,3	− 0,0885	+ 0,4115	+ 0,7385	− 0,0773
0,4	− 0,0831	+ 0,4169	+ 0,8000	− 0,0631
0,5	− 0,0804	+ 0,4196	+ 0,8303	− 0,0491
0,6	− 0,0800	+ 0,4200	+ 0,8800	− 0,0350
0,7	− 0,0819	+ 0,4181	+ 0,9318	− 0,0206
0,8	− 0,0859	+ 0,4141	+ 0,9859	− 0,0059
0,9	− 0,0919	+ 0,4080	+ 1,0419	+ 0,0093
1,0	− 0,1000	+ 0,4000	+ 1,1000	+ 0,0250
1,1	− 0,1100	+ 0,3900	+ 1,1599	+ 0,0413
1,2	− 0,1218	+ 0,3782	+ 1,2217	+ 0,0581
1,3	− 0,1355	+ 0,3645	+ 1,2854	+ 0,0757
1,4	− 0,1510	+ 0,3490	+ 1,3509	+ 0,0940
1,5	− 0,1683	+ 0,3317	+ 1,4182	+ 0,1130
1,6	− 0,1874	+ 0,3122	+ 1,4873	+ 0,1325
1,7	− 0,2082	+ 0,2918	+ 1,5582	+ 0,1531
1,8	− 0,2308	+ 0,2692	+ 1,6308	+ 0,1741
1,9	− 0,2552	+ 0,2448	+ 1,7051	+ 0,1958
2,0	− 0,2813	+ 0,2188	+ 1,7812	+ 0,2188

$$M_1 = -\frac{1+n^3}{4(2+3n)} \cdot g\,l_1^2$$

$$A = +\frac{3+6n-n^3}{4(2+3n)} \cdot g\,l_1$$

$$T = \frac{5+10n+6n^2+n^3}{4(2+3n)} \cdot g\,l_1$$

$$\mathfrak{M}_{2\,max} = \frac{n^3+2n^2-2}{8(2+3n)} \cdot g\,l_1^2$$

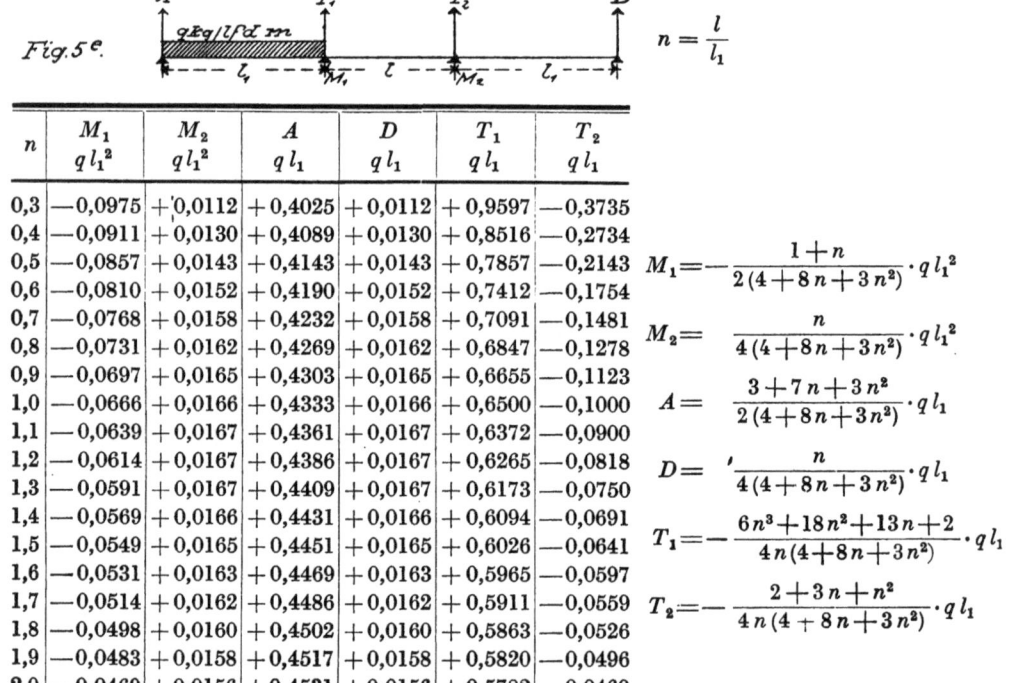

Fig. 5 e. $n = \dfrac{l}{l_1}$

n	M_1 $q\,l_1^2$	M_2 $q\,l_1^2$	A $q\,l_1$	D $q\,l_1$	T_1 $q\,l_1$	T_2 $q\,l_1$
0,3	−0,0975	+0,0112	+0,4025	+0,0112	+0,9597	−0,3735
0,4	−0,0911	+0,0130	+0,4089	+0,0130	+0,8516	−0,2734
0,5	−0,0857	+0,0143	+0,4143	+0,0143	+0,7857	−0,2143
0,6	−0,0810	+0,0152	+0,4190	+0,0152	+0,7412	−0,1754
0,7	−0,0768	+0,0158	+0,4232	+0,0158	+0,7091	−0,1481
0,8	−0,0731	+0,0162	+0,4269	+0,0162	+0,6847	−0,1278
0,9	−0,0697	+0,0165	+0,4303	+0,0165	+0,6655	−0,1123
1,0	−0,0666	+0,0166	+0,4333	+0,0166	+0,6500	−0,1000
1,1	−0,0639	+0,0167	+0,4361	+0,0167	+0,6372	−0,0900
1,2	−0,0614	+0,0167	+0,4386	+0,0167	+0,6265	−0,0818
1,3	−0,0591	+0,0167	+0,4409	+0,0167	+0,6173	−0,0750
1,4	−0,0569	+0,0166	+0,4431	+0,0166	+0,6094	−0,0691
1,5	−0,0549	+0,0165	+0,4451	+0,0165	+0,6026	−0,0641
1,6	−0,0531	+0,0163	+0,4469	+0,0163	+0,5965	−0,0597
1,7	−0,0514	+0,0162	+0,4486	+0,0162	+0,5911	−0,0559
1,8	−0,0498	+0,0160	+0,4502	+0,0160	+0,5863	−0,0526
1,9	−0,0483	+0,0158	+0,4517	+0,0158	+0,5820	−0,0496
2,0	−0,0469	+0,0156	+0,4531	+0,0156	+0,5782	−0,0469

$$M_1 = -\frac{1+n}{2(4+8n+3n^2)} \cdot q\,l_1^2$$

$$M_2 = \frac{n}{4(4+8n+3n^2)} \cdot q\,l_1^2$$

$$A = \frac{3+7n+3n^2}{2(4+8n+3n^2)} \cdot q\,l_1$$

$$D = \frac{n}{4(4+8n+3n^2)} \cdot q\,l_1$$

$$T_1 = -\frac{6n^3+18n^2+13n+2}{4n(4+8n+3n^2)} \cdot q\,l_1$$

$$T_2 = -\frac{2+3n+n^2}{4n(4+8n+3n^2)} \cdot q\,l_1$$

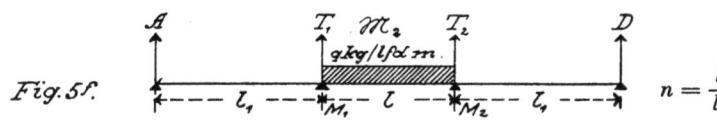

Fig. 58.

$n = \dfrac{l}{l_1}$

n	$M_1 = M_2$ $q\,l_1^2$	$A = D$ $q\,l_1$	$T_1 = T_2$ $q\,l_1$	max M_2 $q\,l_1^2$
0,3	—0,0023	—0,0023	+0,1523	+0,0089
0,4	—0,0050	—0,0050	+0,2050	+0,0150
0,5	—0,0089	—0,0089	+0,2589	+0,0223
0,6	—0,0142	—0,0142	+0,3142	+0,0308
0,7	—0,0209	—0,0209	+0,3709	+0,0403
0,8	—0,0291	—0,0291	+0,4120	+0,0509
0,9	—0,0388	—0,0388	+0,4888	+0,0625
1,0	—0,0500	—0,0500	+0,5500	+0,0750
1,1	—0,0628	—0,0628	+0,6128	+0,0885
1,2	—0,0771	—0,0771	+0,6771	+0,1028
1,3	—0,0931	—0,0931	+0,7431	+0,1181
1,4	—0,1106	—0,1106	+0,8106	+0,1343
1,5	—0,1298	—0,1298	+0,8798	+0,1514
1,6	—0,1506	—0,1506	+0,9506	+0,1694
1,7	—0,1730	—0,1730	+1,0230	+0,1882
1,8	—0,1970	—0,1970	+1,0976	+0,2080
1,9	—0,2227	—0,2227	+1,1727	+0,2285
2,0	—0,2500	—0,2500	+1,2500	+0,2500

$$M_1 = -\dfrac{n^3}{4(2+3n)} \cdot q\,l_1^2$$

$$A = -\dfrac{n^3}{4(2+3n)} \cdot q\,l_1$$

$$T = \dfrac{n^3 + 6n^2 + 4n}{4(2+3n)} \cdot q\,l_1$$

$$\mathfrak{M}_{2\,max} = \dfrac{(2+n)\,n^2}{8(2+3n)} \cdot q\,l_1^2$$

Fig. 59.

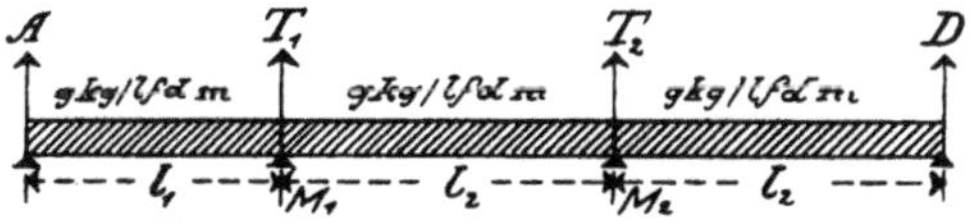

$n = \dfrac{l_1}{l_2}$

n	M_1 $g\,l_2^2$	M_2 $g\,l_2^2$	A $g\,l_2$	D $g\,l_2$	T_1 $g\,l_2$	T_2 $g\,l_2$
0,3	—0,0560	—0,111	—0,0368	+0,3890	+0,7820	+1,1659
0,4	—0,0553	—0,1112	+0,0613	+0,3888	+0,7820	+1,1670
0,5	—0,0568	—0,1108	+0,1363	+0,3892	+0,8096	+1,1647
0,6	—0,0606	—0,1098	+0,1988	+0,3901	+0,8519	+1,1590
0,7	—0,0670	—0,1083	+0,2544	+0,3917	+0,9042	+1,1496
0,8	—0,0755	—0,1061	+0,3056	+0,3938	+0,9638	+1,1367
0,9	—0,0865	—0,1033	+0,3538	+0,3966	+1,0293	+1,1201
1,0	—0,1000	—0,1000	+0,4000	+0,4000	+1,1000	+1,1000
1,1	—0,1160	—0,0960	+0,4446	+0,4039	+1,1750	+1,0761
1,2	—0,1342	—0,0914	+0,4881	+0,4085	+1,2546	+1,0486
1,3	—0,1550	—0,0862	+0,5307	+0,4137	+1,3158	+1,0175
1,4	—0,1782	—0,0804	+0,5726	+0,4195	+1,4251	+0,9826
1,5	—0,2039	—0,0740	+0,6140	+0,4259	+1,5159	+0,9440
1,6	—0,2303	—0,0669	+0,6549	+0,4330	+1,6102	+0,9017
1,7	—0,2627	—0,0593	+0,6954	+0,4406	+1,7101	+0,8558
1,8	—0,2958	—0,0510	+0,7356	+0,4489	+1,8092	+0,8061
1,9	—0,3315	—0,0421	+0,7755	+0,4578	+1,9138	+0,7527
2,0	—0,3695	—0,0326	+0,8152	+0,4673	+2,0217	+0,6950

$$M_1 = -\dfrac{2n^3 + 1}{2(8n+7)} \cdot g\,l_2^2$$

$$M_2 = -\dfrac{3 + 4n - n^3}{4(8n+7)} \cdot g\,l_2^2$$

$$A = \dfrac{n^2(6n+7) - 1}{2n(8n+7)} \cdot g\,l_2$$

$$D = \dfrac{n^3 + 12n + 11}{4(8n+7)} \cdot g\,l_2$$

$$T_1 = \dfrac{10n^4 + 40n^3 + 52n^2 + 26n + 4}{8n(8n+7)} \cdot g\,l_2$$

$$T_2 = \dfrac{20n - 3n^3 + 16}{2(8n+7)} \cdot g\,l_2$$

— 22 —

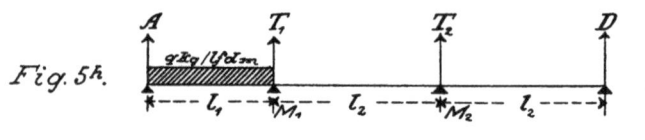

Fig. 5ʰ. $n = \dfrac{l_1}{l_2}$

n	$\dfrac{M_1}{q\,l_2^2}$	$\dfrac{+M_2}{q\,l_2^2}$	$\dfrac{A}{q\,l_2}$	$\dfrac{D}{q\,l_2}$	$\dfrac{T_1}{q\,l_2}$	$\dfrac{T_2}{q\,l_2}$
0,3	—0,0029		+0,1404	+0,0007	+0,1632	—0,0043
0,4	—0,0063		+0,1843	+0,0016	+0,2235	—0,0094
0,5	—0,0114		+0,2273	+0,0028	+0,2869	—0,0170
0,6	—0,0183		+0,2695	+0,0046	+0,3533	—0,0274
0,7	—0,0272		+0,3111	+0,0068	+0,4229	—0,0408
0,8	—0,0382		+0,3522	+0,0096	+0,4955	—0,0573
0,9	—0,0513		+0,3929	+0,0128	+0,5713	—0,0770
1,0	—0,0667	¼ von M_1	+0,4333	+0,0167	+0,6500	—0,1000
1,1	—0,0842		+0,4734	+0,0211	+0,7318	—0,1264
1,2	—0,1041		+0,5132	+0,0260	+0,8168	—0,1561
1,3	—0,1263		+0,5529	+0,0316	+0,9049	—0,1894
1,4	—0,1508		+0,5923	+0,0377	+0,9961	—0,2261
1,5	—0,1776		+0,6315	+0,0444	+1,0904	—0,2664
1,6	—0,2069		+0,6707	+0,0517	+1,1878	—0,3103
1,7	—0,2385		+0,7097	+0,0596	+1,2884	—0,3577
1,8	—0,2725		+0,7485	+0,0681	+1,3920	—0,4088
1,9	—0,3090		+0,7873	+0,0772	+1,4988	—0,4634
2,0	—0,3478		+0,8260	+0,0870	+1,6086	—0,5217

$$M_1 = -\dfrac{n^3}{8n+7}\cdot q\,l_2^2$$

$$M_2 = \dfrac{n^3}{4(8n+7)}\cdot q\,l_2^2$$

$$A = \dfrac{n(6n+7)}{2(8n+7)}\cdot q\,l_2$$

$$D = \dfrac{n^3}{4(8n+7)}\cdot q\,l_2$$

$$T_1 = \dfrac{20n^2+5n^3+14n}{4(8n+7)}\cdot q\,l_2$$

$$T_2 = -\dfrac{3n^3}{2(8n+7)}\cdot q\,l_2$$

Fig. 5ⁱ. $n = \dfrac{l_1}{l_2}$

n	$\dfrac{M_1}{q\,l_2^2}$	$\dfrac{M_2}{q\,l_2^2}$	$\dfrac{A}{q\,l_2}$	$\dfrac{D}{q\,l_2}$	$\dfrac{T_1}{q\,l_2}$	$\dfrac{T_2}{q\,l_2}$
0,3	—0,0798	—0,0426	—0,2659	—0,0426	+0,8032	+0,5053
0,4	—0,0735	—0,0441	—0,1838	—0,0441	+0,7132	+0,5147
0,5	—0,0682	—0,0455	—0,1363	—0,0455	+0,6591	+0,5227
0,6	—0,0636	—0,0466	—0,1059	—0,0466	+0,6229	+0,5296
0,7	—0,0595	—0,0476	—0,0850	—0,0476	+0,5969	+0,5357
0,8	—0,0560	—0,0485	—0,0699	—0,0485	+0,5774	+0,5410
0,9	—0,0528	—0,0493	—0,0587	—0,0493	+0,5622	+0,5458
1,0	—0,0500	—0,0500	—0,0500	—0,0500	+0,5500	+0,5500
1,1	—0,0475	—0,0506	—0,0432	—0,0506	+0,5400	+0,5538
1,2	—0,0452	—0,0512	—0,0376	—0,0512	+0,5316	+0,5572
1,3	—0,0431	—0,0517	—0,0332	—0,0517	+0,5245	+0,5603
1,4	—0,0412	—0,0522	—0,0294	—0,0522	+0,5184	+0,5632
1,5	—0,0395	—0,0526	—0,0263	—0,0526	+0,5132	+0,5658
1,6	—0,0378	—0,0530	—0,0236	—0,0530	+0,5085	+0,5681
1,7	—0,0364	—0,0534	—0,0214	—0,0534	+0,5044	+0,5704
1,8	—0,0355	—0,0537	—0,0195	—0,0537	+0,5008	+0,5724
1,9	—0,0338	—0,0541	—0,0178	—0,0540	+0,4975	+0,5743
2,0	—0,0326	—0,0544	—0,0163	—0,0544	+0,4946	+0,5761

$$M_1 = -\dfrac{3}{4(8n+7)}\cdot q\,l_2^2$$

$$M_2 = -\dfrac{8n+4}{16(8n+7)}\cdot q\,l_2^2$$

$$A = -\dfrac{3}{4n(8n+7)}\cdot q\,l_2$$

$$D = -\dfrac{2n+1}{4(8n+7)}\cdot q\,l_2$$

$$T_1 = \dfrac{14n^2+16n+3}{4n(8n+7)}\cdot q\,l_2$$

$$T_2 = \dfrac{20n+13}{4(8n+7)}\cdot q\,l_2$$

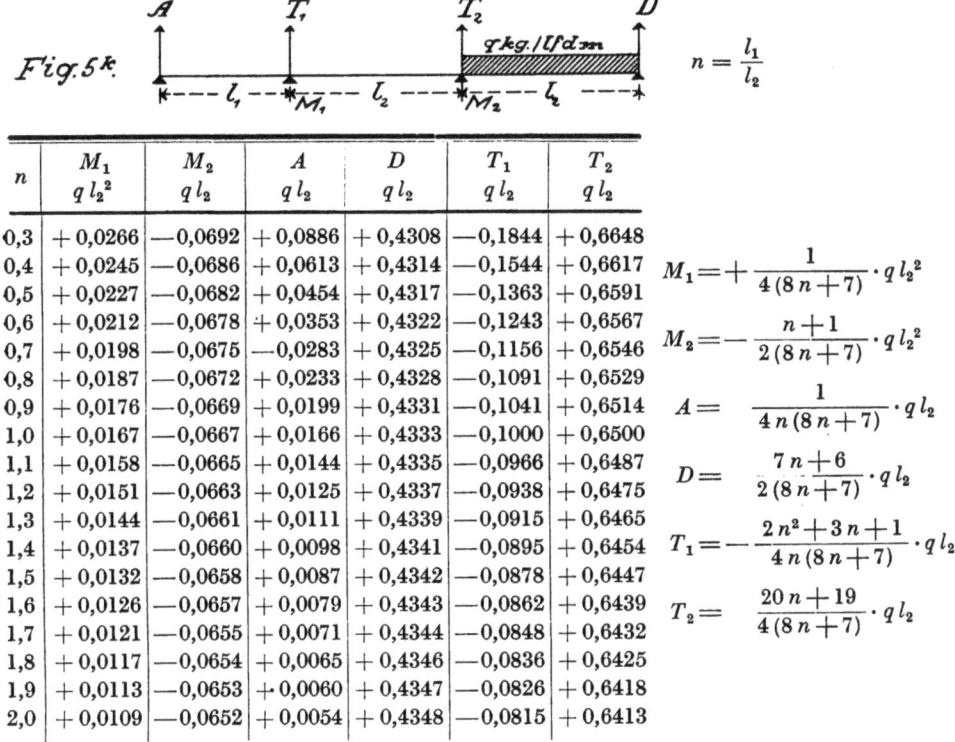

n	$\dfrac{M_1}{q\,l_2^2}$	$\dfrac{M_2}{q\,l_2}$	$\dfrac{A}{q\,l_2}$	$\dfrac{D}{q\,l_2}$	$\dfrac{T_1}{q\,l_2}$	$\dfrac{T_2}{q\,l_2}$
0,3	+0,0266	−0,0692	+0,0886	+0,4308	−0,1844	+0,6648
0,4	+0,0245	−0,0686	+0,0613	+0,4314	−0,1544	+0,6617
0,5	+0,0227	−0,0682	+0,0454	+0,4317	−0,1363	+0,6591
0,6	+0,0212	−0,0678	+0,0353	+0,4322	−0,1243	+0,6567
0,7	+0,0198	−0,0675	−0,0283	+0,4325	−0,1156	+0,6546
0,8	+0,0187	−0,0672	+0,0233	+0,4328	−0,1091	+0,6529
0,9	+0,0176	−0,0669	+0,0199	+0,4331	−0,1041	+0,6514
1,0	+0,0167	−0,0667	+0,0166	+0,4333	−0,1000	+0,6500
1,1	+0,0158	−0,0665	+0,0144	+0,4335	−0,0966	+0,6487
1,2	+0,0151	−0,0663	+0,0125	+0,4337	−0,0938	+0,6475
1,3	+0,0144	−0,0661	+0,0111	+0,4339	−0,0915	+0,6465
1,4	+0,0137	−0,0660	+0,0098	+0,4341	−0,0895	+0,6454
1,5	+0,0132	−0,0658	+0,0087	+0,4342	−0,0878	+0,6447
1,6	+0,0126	−0,0657	+0,0079	+0,4343	−0,0862	+0,6439
1,7	+0,0121	−0,0655	+0,0071	+0,4344	−0,0848	+0,6432
1,8	+0,0117	−0,0654	+0,0065	+0,4346	−0,0836	+0,6425
1,9	+0,0113	−0,0653	+0,0060	+0,4347	−0,0826	+0,6418
2,0	+0,0109	−0,0652	+0,0054	+0,4348	−0,0815	+0,6413

$$M_1 = +\frac{1}{4(8n+7)} \cdot q\,l_2^2$$

$$M_2 = -\frac{n+1}{2(8n+7)} \cdot q\,l_2^2$$

$$A = \frac{1}{4n(8n+7)} \cdot q\,l_2$$

$$D = \frac{7n+6}{2(8n+7)} \cdot q\,l_2$$

$$T_1 = -\frac{2n^2+3n+1}{4n(8n+7)} \cdot q\,l_2$$

$$T_2 = \frac{20n+19}{4(8n+7)} \cdot q\,l_2$$

D. Graphisches Verfahren.

1. Ermittlung der Fixpunkte.

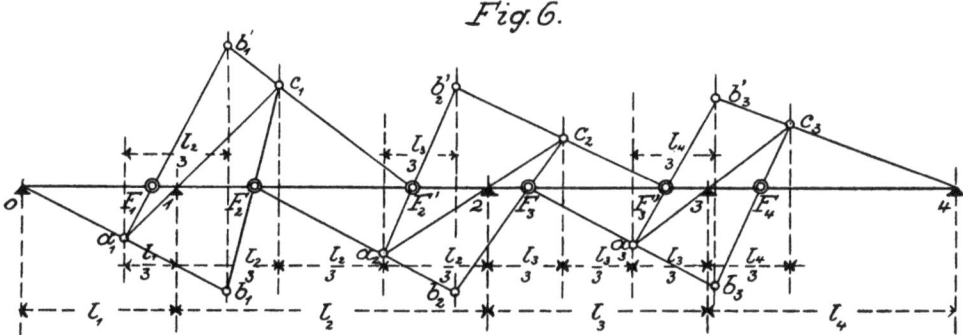

Fig. 6.

Jede Öffnung wird in drei Teile geteilt.

Ziehe die verschränkten Drittelslinien $b_1 b'_1 - b_2 b'_2 - b_3 b'_3$.

Gerade ob_1 beliebig. Verbinde a_1 mit dem Auflagerpunkt 1 bis c_1. Der Schnittpunkt der Geraden $b_1 c_1$ mit der Trägerachse gibt den Fixpunkt F_2.

Ziehe $F_2 b_2$ beliebig; verbinde a_2 mit dem Auflagerpunkt 2 bis c_2. Der Schnittpunkt der Geraden $b_2 c_2$ mit der Trägerachse gibt den Fixpunkt F_3 usw.

Durch Wiederholung dieser Konstruktion erhält man die Fixpunkte F_1, F_2, F_3, F_4, F'_3, F'_2.

2. Ermittlung der Stützmomente einer dieser Öffnungen.

a) **Mit gleichmäßig verteilter Last beansprucht.**

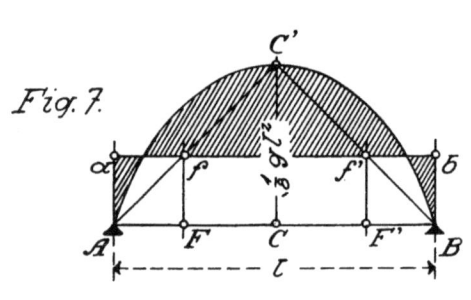

Fig. 7.

$$AC = CB = \frac{l}{2}.$$

Trage $CC' = \frac{1}{8} gl^2$ in einem Maßstabe auf. Verbinde C' mit A und B.

Die Senkrechten durch die Fixpunkte F und F' schneiden die Geraden $C'A$ und $C'B$ in den Punkten f und f'.

Verbinde f mit f', so schneidet die Gerade ff' auf den Auflagevertikalen durch A und B in den Punkten a und b die gesuchten Stützmomente für das belastete Feld AB ab.

b) **Mit einer konzentrierten Last beansprucht.**

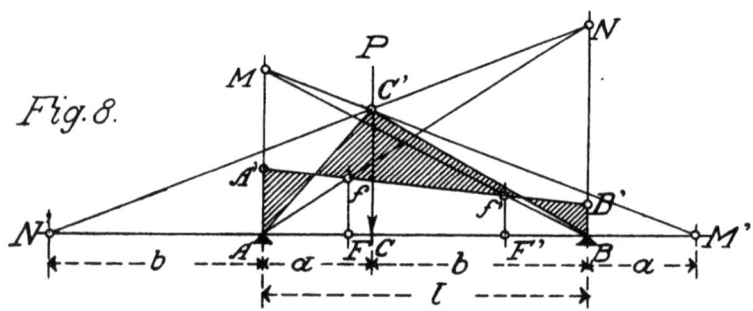

Fig. 8.

$$CC' = P \frac{ab}{l}.$$

Trage rechts von B die Strecke $a = BM'$, links von A die Strecke $b = AN'$ auf.

Verbinde C' mit N' und M', ferner A mit N, B mit M.

Die Vertikalen durch die Fixpunkte F und F' schneiden die Geraden AN und BM in den Punkten f und f';

die Gerade ff' schneidet auf den Vertikalen durch A und B die Stützmomente AA' und BB' ab.

c) **Mit mehreren konzentrierten Lasten beansprucht.**

Polygon $ACDEB$ ist das Momentenpolygon des frei aufliegenden Trägers AB.

Verlängere die Polygonseite CD bis c_2, verbinde c_2 mit A, so ist $CC' = y_1$.

Verlängere die Polygonseiten CD und DE bis c_1 und d_2, verbinde c_1 mit d_2, so ist $DD' = y_2$; wird die Polygonseite DE bis d_1 verlängert, d_1 mit B verbunden, so ist $EE' = y_3$.

Auf der Lotrechten durch B trage $\overline{01} = y_1$, $\overline{12} = y_2$, $\overline{23} = y_3$ auf.

Pol O im Abstand l angenommen. Ziehe das Seilpolygon 0' I II III 0 zu den Polstrahlen O_0, O_1, O_2, O_3.

Mache
$$BN = (y_1 + y_2 + y_3) + on$$
$$AM = (y_1 + y_2 + y_3) + o'm.$$

Verbinde A mit N; B mit M.

Die Lotrechten durch die Fixpunkte F und F' schneiden die Geraden AN und BM in den Punkten f und f'.

Verbinde f mit f', so schneidet diese Gerade in den Schnittpunkten A', B' mit den Lotrechten durch die Auflager A und B die Stützmomente AA' und BB' ab.

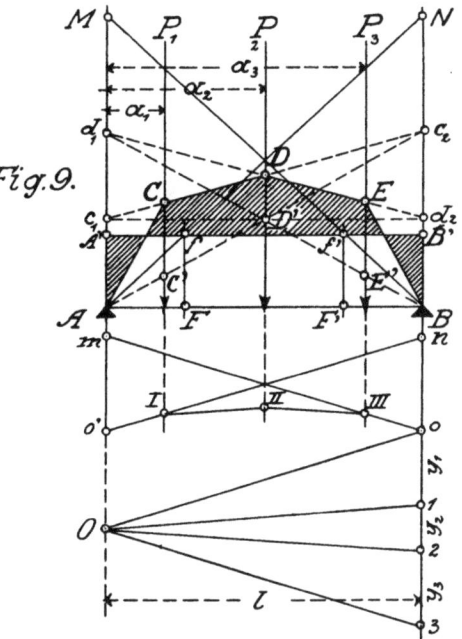

Fig. 9.

3. Ermittlung der Momente und Stützdrücke eines kontinuierlichen Trägers mit 4 verschieden weiten Öffnungen. (Fig. 10.)

(Gleichmäßig verteilte Lasten.)

1. Öffnung mit 0,58 t pro lfd. m belastet.
2. » » 0,60 t » » » »
3. » » 0,40 t » » » »
4. » » 0,60 t » » » »

Die Ermittlung der Fixpunkte des kontinuierlichen Trägers $ABCDE$ erfolgt in Fig. 10a nach lit. D Ziffer 1. (Fig. 6.)

Für jede Öffnung wird das Maximalmoment der freiaufliegenden Träger AB, BC, CD, DE bestimmt.

M_{max} der 1. Öffnung: $\frac{1}{8} 0{,}58 \cdot 4{,}5^2$ tm $= 1{,}468$ tm.

M_{max} » 2. » $\frac{1}{8} 0{,}60 \cdot 5{,}0^2$ » $= 1{,}875$ »

M_{max} » 3. » $\frac{1}{8} 0{,}40 \cdot 6{,}0^2$ » $= 1{,}800$ »

M_{max} » 4. » $\frac{1}{8} 0{,}60 \cdot 4{,}8^2$ » $= 1{,}728$ »

Die Momentenflächen der einzelnen Felder bilden Parabelflächen mit den Pfeilen: 1,468, 1,875, 1,800, 1,728.

Für jedes mit gleichmäßig verteilter Last beanspruchte Feld werden die Stützmomente Bb_r, Bb_l, Cc_l, Cc_r, Dd_l, Dd_r nach der in lit. D, Ziffer 2 (Fig. 7) angegebenen Konstruktion ermittelt.

— 26 —

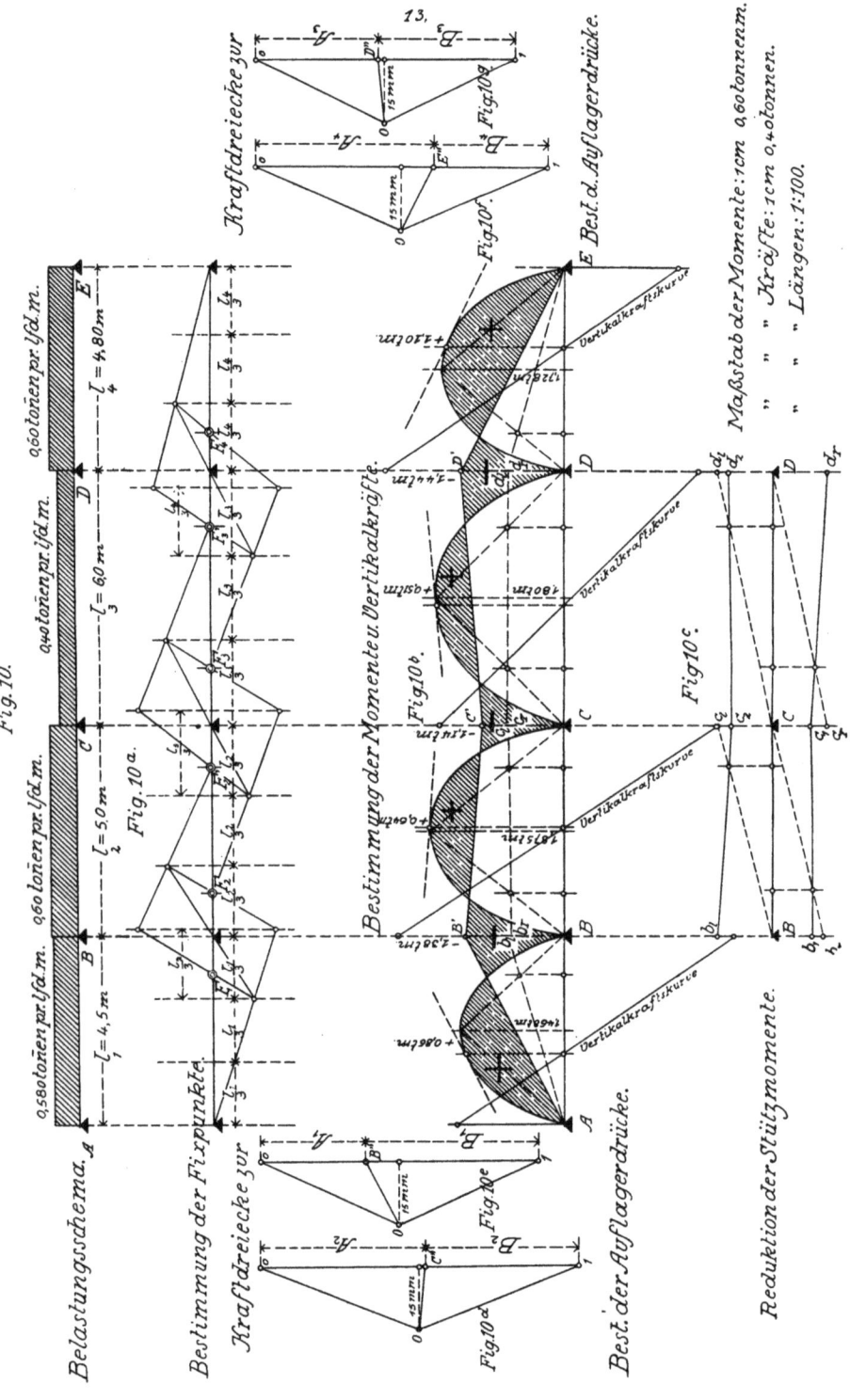

Fig. 10.

Diese Stützmomente sind zu reduzieren. Diese Reduktion ist in Fig. 10c vorgenommen. Die reduzierten Stützmomente sind mit den Abschnitten $b_1 b_l$, $c_1 c_2$, $d_2 d_r$ gegeben; wird in Fig. 10b $BB' = b_1 b_l$, $CC' = c_1 c_2$; $DD' = d_2 d_r$ gemacht, so ist $AB'C'D'E$ in Fig. 10 b die Schlußlinie. Diese schneidet die wirksamen positiven und negativen Momente in den einzelnen Öffnungen des kontinuierlichen Trägers $ABCDE$ ab.

Die größten positiven Feldmomente ergeben sich in der Ordinate, die je durch den Berührungspunkt der zu der betreffenden Schlußlinie parallelen Tangente an die Momentenparabel des freiaufliegenden Trägers geht.

Im gegebenen Falle ergibt sich:

$$\begin{aligned}
\text{im Felde } AB\ \mathfrak{M} &= +0{,}86 \text{ tm} \\
\text{» » } BC\ \mathfrak{M} &= +0{,}64 \text{ »} \\
\text{» » } CD\ \mathfrak{M} &= +0{,}51 \text{ »} \\
\text{» » } DE\ \mathfrak{M} &= +1{,}10 \text{ »}
\end{aligned}$$

Die Stützmomente über

$$\begin{aligned}
\text{der Stütze } B\ M &= -1{,}38 \text{ tm} \\
\text{» » } C\ M &= -1{,}14 \text{ »} \\
\text{» » } D\ M &= -1{,}44 \text{ »}
\end{aligned}$$

Die Stützdrücke über den Stützen A, B, C, D, E werden, wie folgt, bestimmt:

Mache in Fig. 10e $\overline{01} = 4{,}5 \cdot 0{,}58 \text{ t} = 2{,}61 \text{ t} = \dfrac{2{,}61}{0{,}4} = 6{,}52$ cm.

Da der Momentenmaßstab 1 cm = 0,60 tm,

der Kräftemaßstab 1 cm = 0,40 tm,

so ist der der Momentenfläche im ersten Felde entsprechende Polabstand h im Kräftepolygon Fig. 10e $h = \dfrac{0{,}60}{0{,}40} = 1{,}5$ cm, womit der Pol O gefunden ist. Durch Pol O eine Parallele OB'' ergibt auf der Kraftlinie $\overline{01}$ die Auflagerreaktionen A_1 und B_1 im ersten Feld.

Ebenso findet man in den Fig. 10 d, 10 f, 10 g die Auflagerreaktionen der übrigen Felder.

Die Stützdrücke sind: A_1, $T_B = B_1 + A_2$, $T_c = B_2 + A_3$, $T_D = B_3 + A_4$ und B_4.

4. Ermittlung der Momente und Stützdrücke eines kontinuierlichen Trägers mit 4 verschieden weiten Öffnungen. (Fig. 11.)

(Konzentrierte Lasten.)

1. Öffnung belastet mit: $P_1 = 4{,}4$ t, $P_2 = 3{,}3$ t, $P_3 = 3{,}0$ t, $P_4 = 8{,}2$ t
2. » » » $P_1 = 5{,}7$ t, $P_2 = 8{,}0$ t
3. » » » $P_1 = 7{,}5$ t, $P_2 = 5{,}6$ t, $P_3 = 3{,}6$ t, $P_4 = 6{,}0$ t
4. » » » $P_1 = 13{,}0$ t.

— 28 —

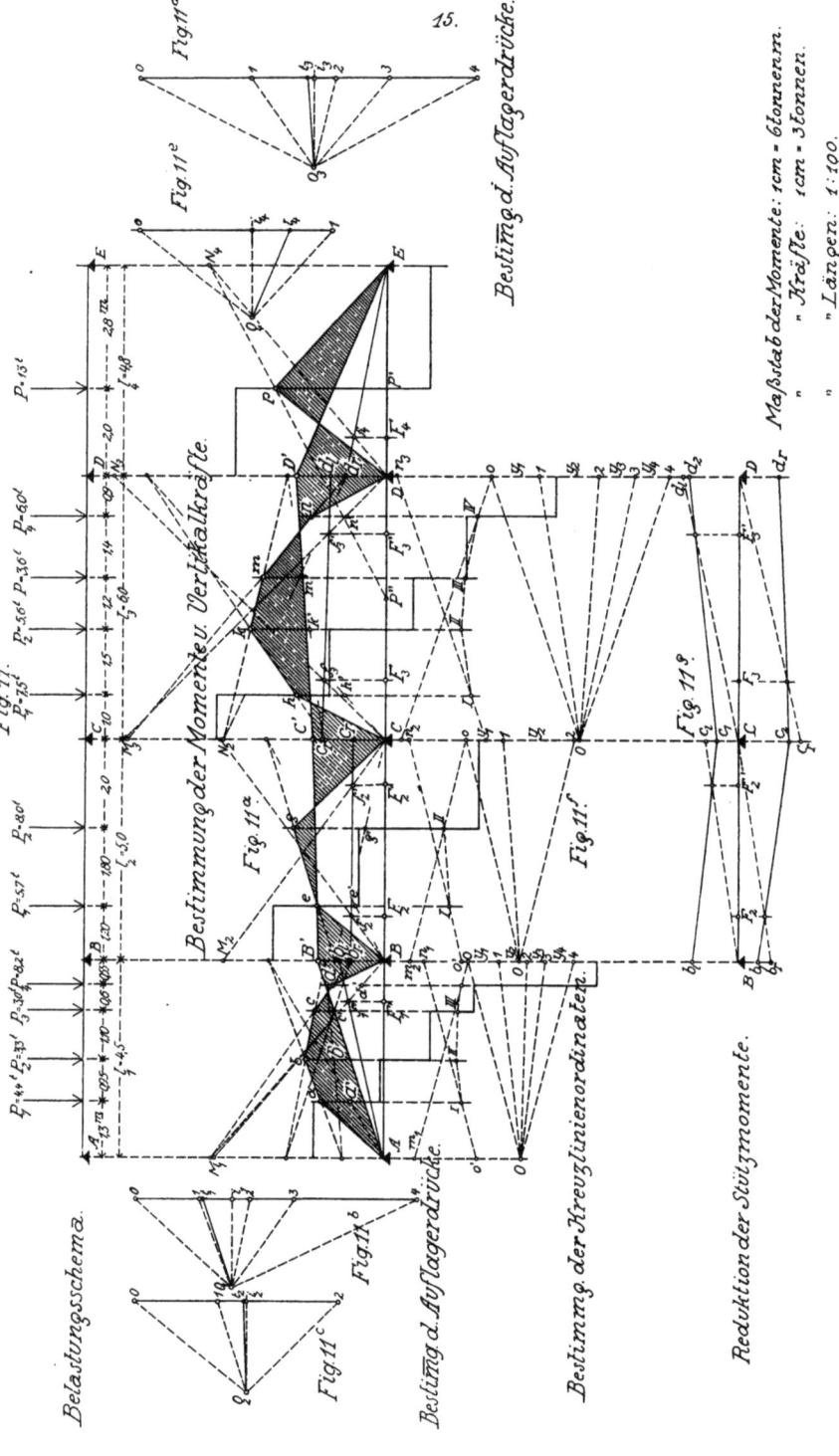

Mit Hilfe der Kräftepolygone Fig. 11 b, 11 c, 11 d, 11 e werden die Momentenpolygone des freiaufliegenden bezüglichen Balkens konstruiert. Zu diesem Zwecke werden die Auflagerreaktionen der frei aufliegenden Balken AB, BC, CD, DE berechnet, auf den Kraftlinien der Fig. 11 b, 11 c, 11 d, 11 e (Maßstab 1 cm = 3 t) in $oi_1 - i_1 4 - oi_2 - i_2 2$ aufgetragen.

Da die Schlußlinie der Momentenpolygone $AabcB$ usw. horizontal sein soll, so ist der entsprechende Polstrahl $O_1 i_1 - O_2 i_2 -$ usw. horizontal zu ziehen. Der Polabstand h: $h = O_1 i_1 = O_2 i_2 = O_3 i_3 = O_4 i_4$ wird gleich 2 cm gewählt. Es ist dann der Momentenmaßstab 1 cm = $2 \cdot 3 \cdot 1 = 6$ tm. Man erhält dann die Momente der freiaufliegenden Balken mit den Polygonen $AabcB - BegC - ChkmnD - DpE$. Die Ermittlung der Ordinaten der Kreuzlinien erfolgt entsprechend den Konstruktionen in lit. D Ziff. 2 (b) (c) Fig. 8 und 9. Die für je eine belastete Öffnung sich ergebenden Stützmomente $Bb_l - Bb_r - Cc_l - Cc_r$ usw. werden, wie Fig. 11 g zeigt, reduziert; es ergeben sich die reduzierten Stützmomente $b_l b_1 - c_1 c_2 - d_2 d_r$.

Wird $b_l b_1 = BB' - c_1 c_2 = CC' - d_2 d_r = DD'$, so erhält man in $AB'C'D'E$ die Schlußlinie und somit die positiven und negativen Momente des kontinuierlichen Balkens $ABCDE$.

Die zu der Schlußlinie parallelen Strahlen $O_1 t_1 - O_2 t_2 - O_3 t_3 - O_4 t_4$ in den Fig. 11 b, c, d, und e schneiden auf den bezüglichen Kraftlinien die Auflagerreaktionen der einzelnen Träger AB, BC, CD, DE unter der Einwirkung der Kontinuität ab, so daß wird: $oi_1 = A_1$; $i_1 4 = B_1$; $oi_2 = A_2$; $i_2 2 = B_2$; $oi_3 = A_3$; $i_3 4 = B_3$; $oi_4 = A_4$; $i_4 1 = B_4$. Die Stützendrücke sind: $T_A = A_1$; $T_B = B_1 + A_2$; $T_C = B_2 + A_3$; $T_D = B_3 + A_4$; $T_E = B_4$.

Teil III.
Zweistieliger Steifrahmen mit Fußgelenken.

A. Allgemeines.

Unter Rahmen versteht man in der Regel eingeschossige Tragwerke, deren wagrechte, gebrochene oder gekrümmte Oberkonstruktion (Querbalken, Riegel) mit den Säulen (Pfosten oder Stielen) steif verbunden ist, so daß eine statische, einheitliche Bauform entsteht.

Die Säulen wirken bei der Übertragung von Belastungen mit und entlasten dadurch den Querbalken; sie werden daher außer von Auflagerdrücken als Axialdrücke auch durch Biegungsmomente beansprucht und erhalten deshalb größere Abmessungen als bei freier Lagerung der Querbalken. Die Rahmenecken bedürfen besonderer Verstärkungen.

Je nach der Auflagerung sind Rahmen mit Fußgelenken, ähnlich dem Zweigelenkbogen, Doppel- und Mehrfachrahmen mit mittleren Pendelsäulen und eingespannte Rahmen zu unterscheiden. Wenn auch letztere Ausführung bei kleinen und mittelgroßen Rahmen die Regel ist, so begnügt man sich der Einfachheit halber häufig mit einer Berechnung unter Annahme von Gelenken.

Um aber diese theoretische Voraussetzung in annähernde Übereinstimmung zu bringen mit der Ausführung, ist es nötig, die Gelenkwirkung durch Zusammenführung der Eiseneinlagen in einen Punkt oder in eine Linie zu erzielen.

Bei größeren Spannweiten und Belastungen ist diese Methode nicht mehr angängig; es sind dann dort, wo Gelenke mit starker Beanspruchung vorausgesetzt werden, sicher wirkende Konstruktionen, wie Walzgelenke aus Stein oder Beton, Kipplager aus Gußeisen oder Stahl einzubauen.

B. Allgemeines Rechnungsverfahren.

Die Anzahl der Auflagergrößen beträgt vier, nämlich A, B, X, X' und die der verfügbaren Gleichungen drei. Somit stehen vier Unbekannten nur drei Gleichungen gegenüber, d. h. das Bauwerk ist statisch einfach unbestimmt.

Da vorausgesetzt wird, daß die Lager A und B starr sind, so muß die Verschiebung δ in Richtung AB gleich Null sein. Bei kleineren Querschnittsabmessungen und größeren Pfeilhöhen im Verhältnis zu den Bauwerksabmessungen kann der Einfluß der Längskräfte gegenüber dem der Momente vernachlässigt werden, ebenso derjenige der Temperaturänderungen.

Der statisch unbestimmten Größe X muß derjenige Wert beigelegt werden, welcher die Formänderungsarbeit (A) zu einem Minimum macht.

Es ist daher:

$$\delta = \frac{\partial A}{\partial X} = \int \frac{M}{EJ} \cdot \frac{\partial M}{\partial X} \cdot ds = 0 \ . \quad (1)$$

Hierin bezeichnen M das Biegungmoment, J das Trägheitsmoment des Verbundquerschnitts, E den Elastizitätsmodul des Betons, ds das Stabelement.

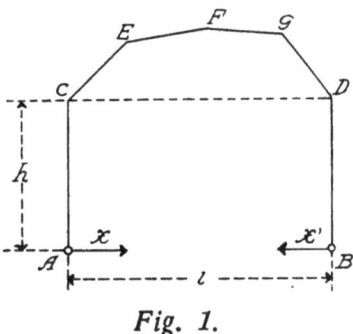

Fig. 1.

Sind die Trägheitsmomente J und J_h des Querriegels bzw. der Säulen konstant, so ergibt sich aus Gleichung (1) der in den Gelenken A und B entstehende Seitenschub zu:

$$X = \frac{h \int_0^l \mathfrak{M}\, ds + \int_0^l \mathfrak{M}\, y\, ds}{\int_0^l (h+y)^2\, ds + \frac{2}{3}\frac{J}{J_h}h^3}.$$

Der Zähler dieses Ausdruckes gibt den Einfluß der äußeren Kräfte an und der Nenner denjenigen der Formgrößen des Rahmens.

$\mathfrak{M}$ bedeutet das Biegungsmoment in einem Querschnitt des frei aufliegenden Balkens AB;

$\int_0^l \mathfrak{M}\, ds$ den Inhalt der Momentenfläche für den frei aufliegenden Balken AB, verteilt über den Stabzug $CEFGD$ (siehe Fig. 2);

$\int_0^l \mathfrak{M}\, y\, ds$ das statische Moment der auf dem Stabzug $CEFGD$ verteilten Momentenflächen in bezug auf CD.

$\int_0^l (h+y)^2 \cdot ds$ ist das Trägheitsmoment der Balkenachse $CEFGD$ in bezug auf AB.

Für einen Rahmen mit zwei Fußgelenken und einem beliebig geformten Querriegel (Fig. 2) ergeben sich zur Bestimmung der statisch Unbestimmten die Integrale im Zähler $\int \mathfrak{M}\, ds$ und $\int \mathfrak{M}\, y\, ds$ aus nachstehender Konstruktion:

Für den frei aufliegenden Träger AB wird das Momentenpolygon $A\, 1'\, 2'\, 3'\, 4'\, 5'\, B$ berechnet oder konstruiert.

Die bezüglichen Ordinaten dieses Momentenpolygons $11' - 22' - 33' - 44' - 55'$ werden auf dem Stabzug $CEFGD$ in $11' - E'\, 2' - F\, 3' - 44' - G\, 5'$ aufgetragen.

Von den so gebildeten Momentenflächen $C\, 11' - 11'\, E\, 2' - E\, 2'\, F\, 3' - F\, 3'\, 44' - 44'\, G\, 5' - G\, 5'\, D$ werden die Schwerpunkte $s_0 - s_1 - s_2 - s_3$

—s_4—s_5 bestimmt. $s_0 s_0' - s_1 s_1' - s_2 s_2' - s_3 s_3' - s_4 s_4' - s_5 s_5'$ senkrecht zu den Stabzuglinien $CE - EF - FG - GD$ gezogen.

Die Senkrechten von den Punkten $s_0' - s_1' - s_2' - s_3' - s_4' - s_5'$ auf die Linie CD ergeben die Ordinaten $y_0 - y_1 - y_2 - y_3 - y_4 - y_5$.

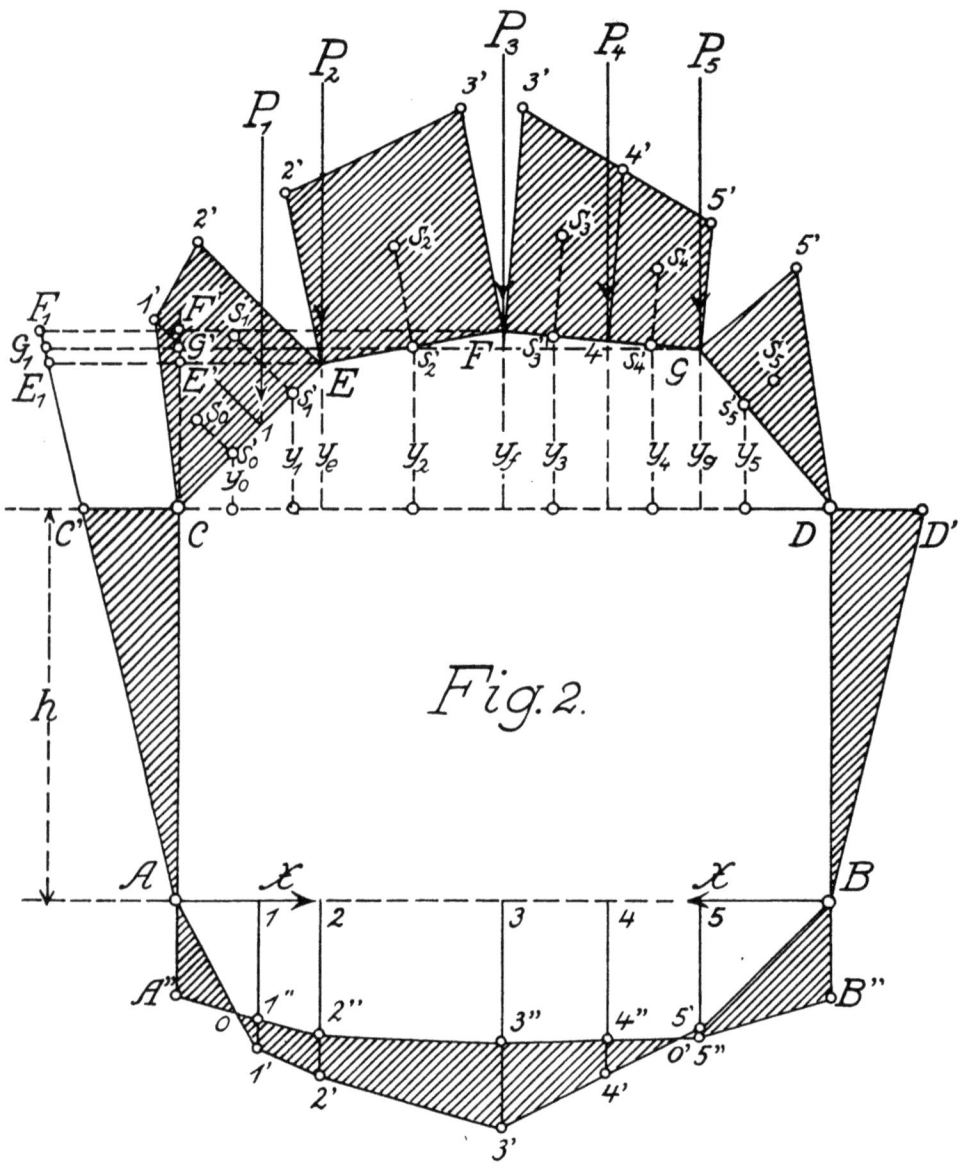

Fig. 2.

Die Summe der Flächen $C\,11' + 11'\,E\,2' + E\,2'\,F\,3' + F\,3\,44' + 44'\,G\,5' + DG\,5' = \int \mathfrak{M}\,ds$.

$$C\,11' \cdot y_0 + 11'\,E\,2' \cdot y_1 + E\,2'\,F\,3' \cdot y_2 + F\,3'\,44' \cdot y_3 + 44'\,G\,5' \cdot y_4 \\ + G\,5'\,D \cdot y_5 = \int \mathfrak{M}\,y\,ds.$$

Das wirklich auftretende Moment M in einem Querschnitt des Querriegels $CEFGD$ ergibt sich als algebraische Summe aus dem in dem betrachteten Querschnitt vorhandenen positiven Momente für den frei aufliegenden Balken und dem in diesem Querschnitt auftretenden, negativen Momente des Seitenschubes X.

Diese haben in bezug auf die Punkte C, E, F, G, D folgende Werte:

$$M_C = - X \cdot h = CC' = M_D$$
$$M_E = - X \cdot (h + y_c) = E_1 E'$$
$$M_F = - X \cdot (h + y_f) = F_1 F'$$
$$M_G = - X \cdot (h + y_g) = G_1 G'.$$

Wird in dem Momentenpolygon $[AA'' \, 2''3'' \, 4'' \, 5'' \, B'' \, B]$ $AA'' = CC' = BB''$, $22'' = E_1 E'$, $33'' = F_1 F'$, $55'' = G_1 G'$ gemacht, so stellt die schraffierte Fläche $01' \, 2' \, 3' \, 4' \, 0' \, 4'' \, 3'' \, 2'' \, 0$ die Verteilung der wirksamen positiven Momente über dem Stabzug $CEFGD$ und die schraffierten Flächen $AA'' \, o - BB'' \, o' - ACC' - BDD'$ diejenige der wirksamen negativen Momente teilweise über den Stäben CE und DGF sowie über den Säulen AC und BD dar.

C. Spezielle Fälle.

Belastungsfall	Horizontalschub
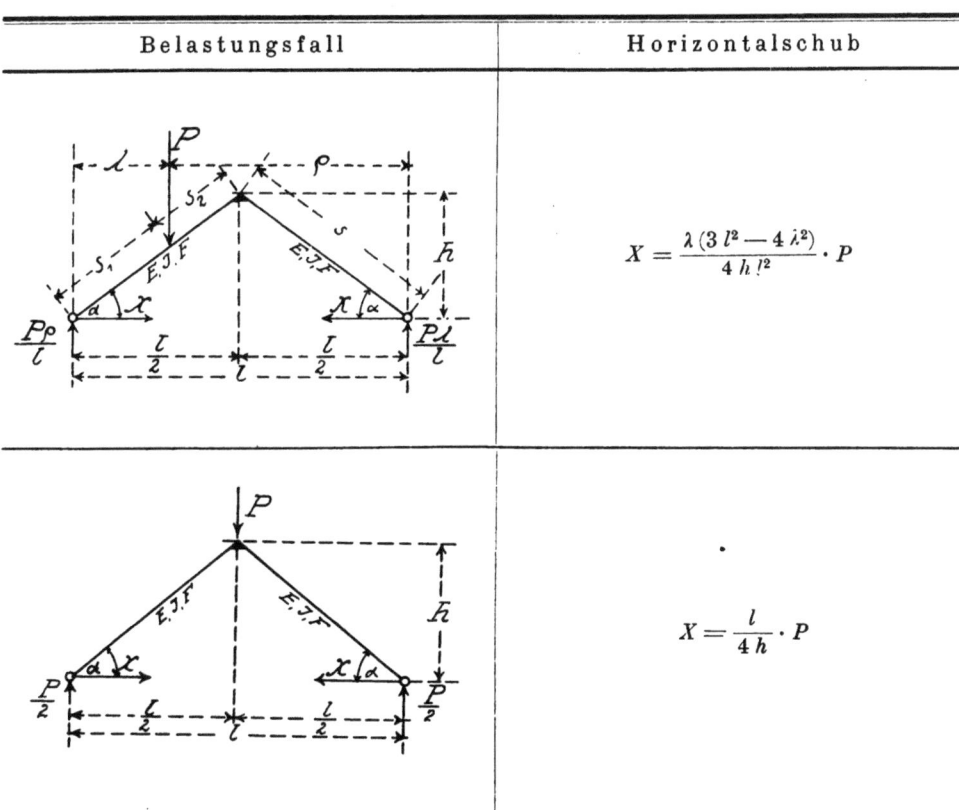	$X = \dfrac{\lambda(3\,l^2 - 4\,\lambda^2)}{4\,h\,l^2} \cdot P$
	$X = \dfrac{l}{4h} \cdot P$

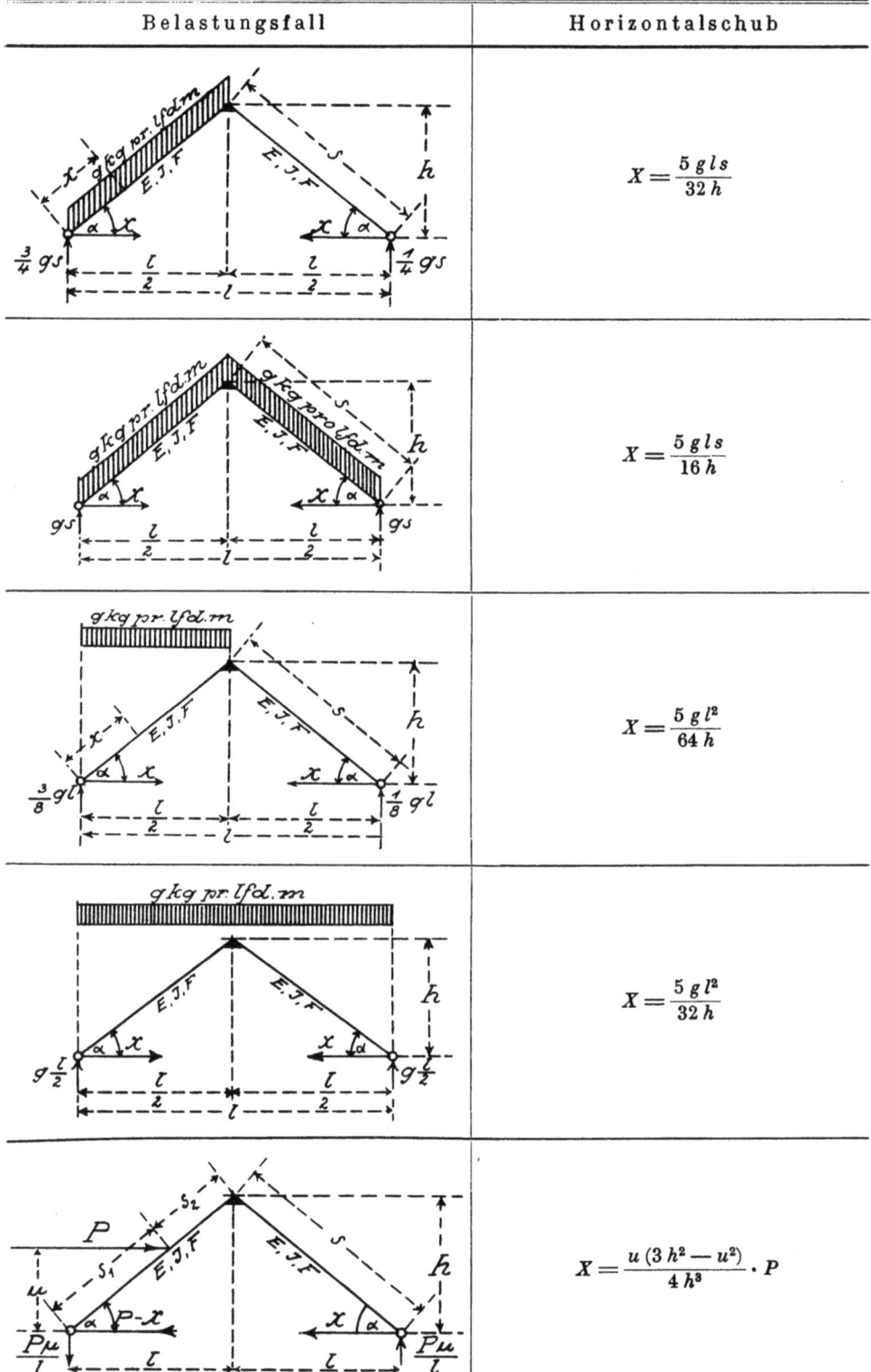

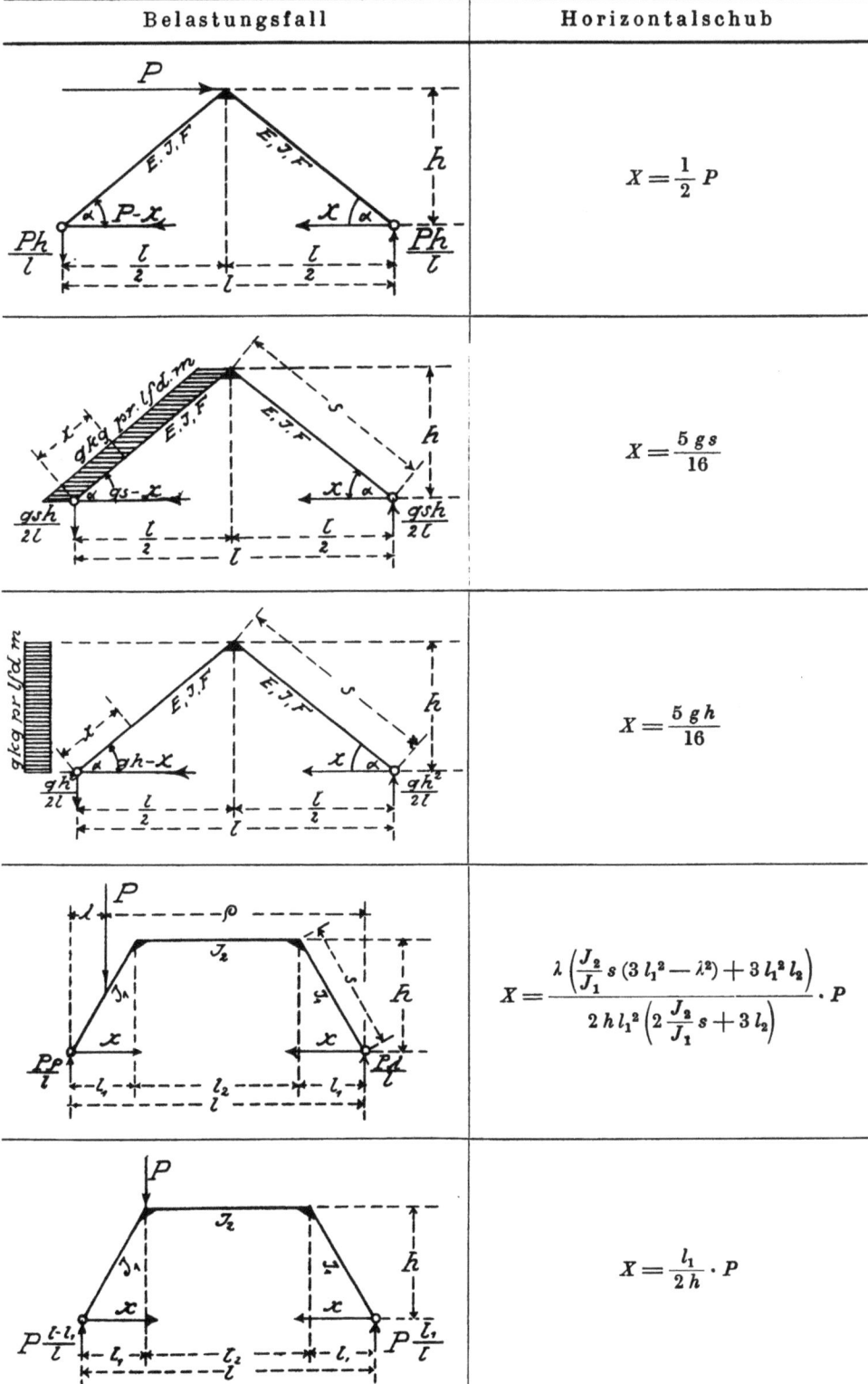

Belastungsfall	Horizontalschub
	$X = \tfrac{1}{2} P$
	$X = \tfrac{5 g s}{16}$
	$X = \tfrac{5 g h}{16}$
	$X = \dfrac{\lambda \left(\tfrac{J_2}{J_1} s (3 l_1{}^2 - \lambda^2) + 3 l_1{}^2 l_2 \right)}{2 h l_1{}^2 \left(2 \tfrac{J_2}{J_1} s + 3 l_2 \right)} \cdot P$
	$X = \dfrac{l_1}{2 h} \cdot P$

— 36 —

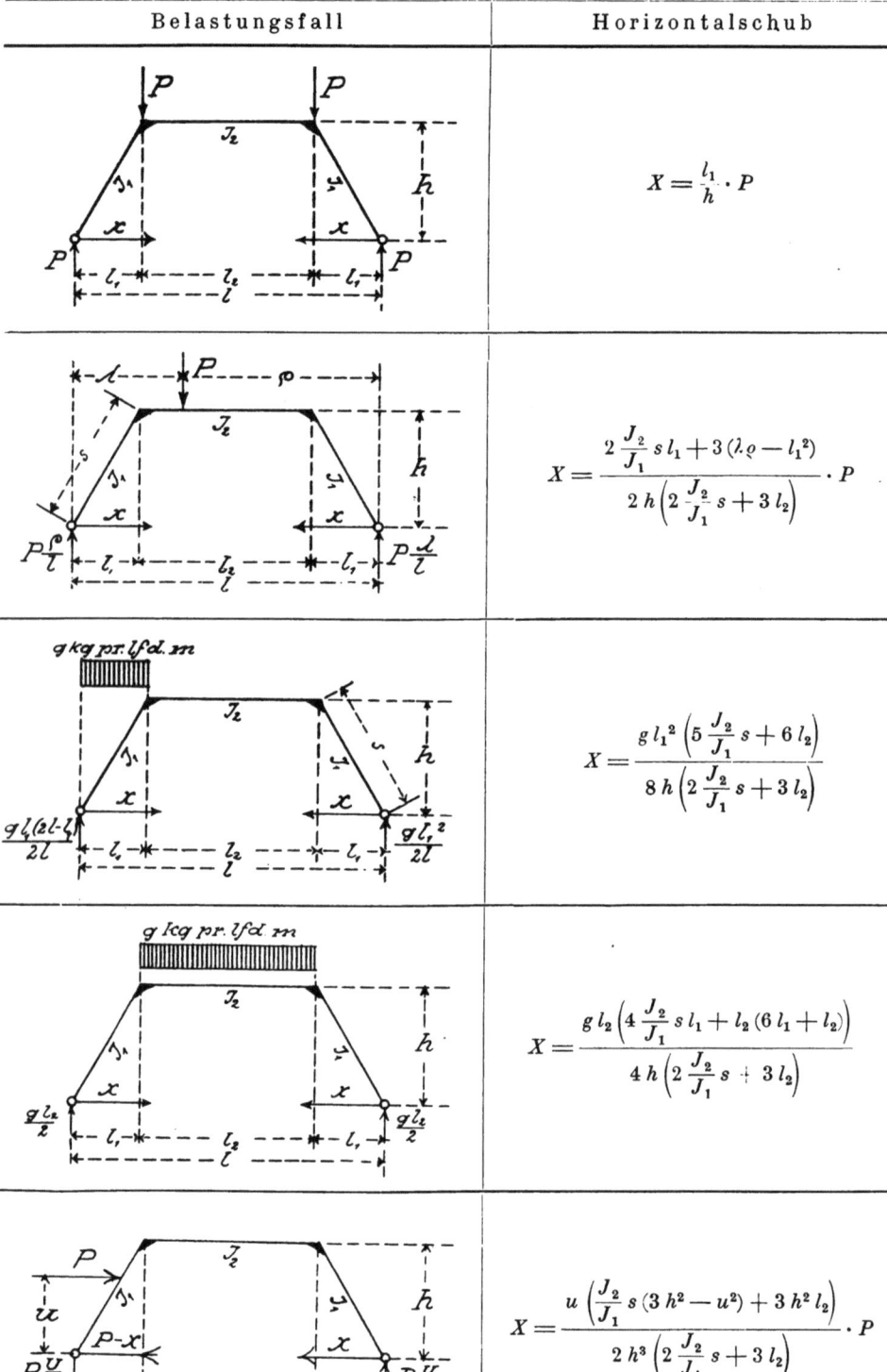

Belastungsfall	Horizontalschub
	$X = \dfrac{l_1}{h} \cdot P$
	$X = \dfrac{2\dfrac{J_2}{J_1} s l_1 + 3(\lambda \varrho - l_1^2)}{2h\left(2\dfrac{J_2}{J_1} s + 3 l_2\right)} \cdot P$
	$X = \dfrac{g l_1^2 \left(5\dfrac{J_2}{J_1} s + 6 l_2\right)}{8h\left(2\dfrac{J_2}{J_1} s + 3 l_2\right)}$
	$X = \dfrac{g l_2 \left(4\dfrac{J_2}{J_1} s l_1 + l_2(6 l_1 + l_2)\right)}{4h\left(2\dfrac{J_2}{J_1} s + 3 l_2\right)}$
	$X = \dfrac{u\left(\dfrac{J_2}{J_1} s (3h^2 - u^2) + 3 h^2 l_2\right)}{2h^3\left(2\dfrac{J_2}{J_1} s + 3 l_2\right)} \cdot P$

Belastungsfall	Horizontalschub
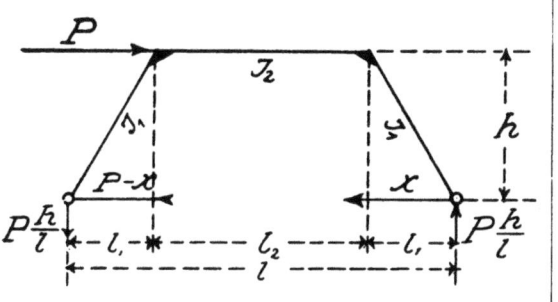	$X = \dfrac{1}{2} P$
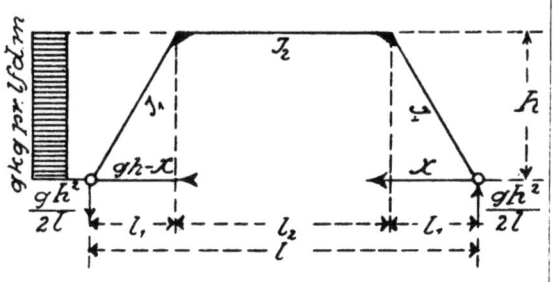	$X = \dfrac{g h \left(5 \dfrac{J_2}{J_1} s + 6 l_2\right)}{8 \left(2 \dfrac{J_2}{J_1} s + 3 l_2\right)}$
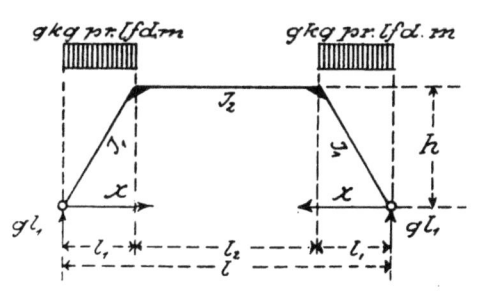	$X = \dfrac{g l_1^2 \left(5 \dfrac{J_2}{J_1} s + 6 l_2\right)}{4 h \left(2 \dfrac{J_2}{J_1} s + 3 l_2\right)}$
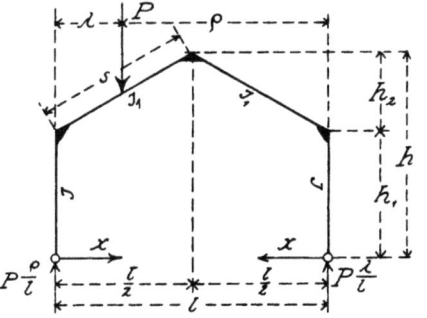	$X = \dfrac{s \lambda (6 h_1 l \varrho + h_2 (3 l^2 - 4 \lambda^2))}{4 l^2 \left(\dfrac{J_1}{J} h_1^3 + 3 h h_1 s + h_2^2 s\right)} \cdot P$

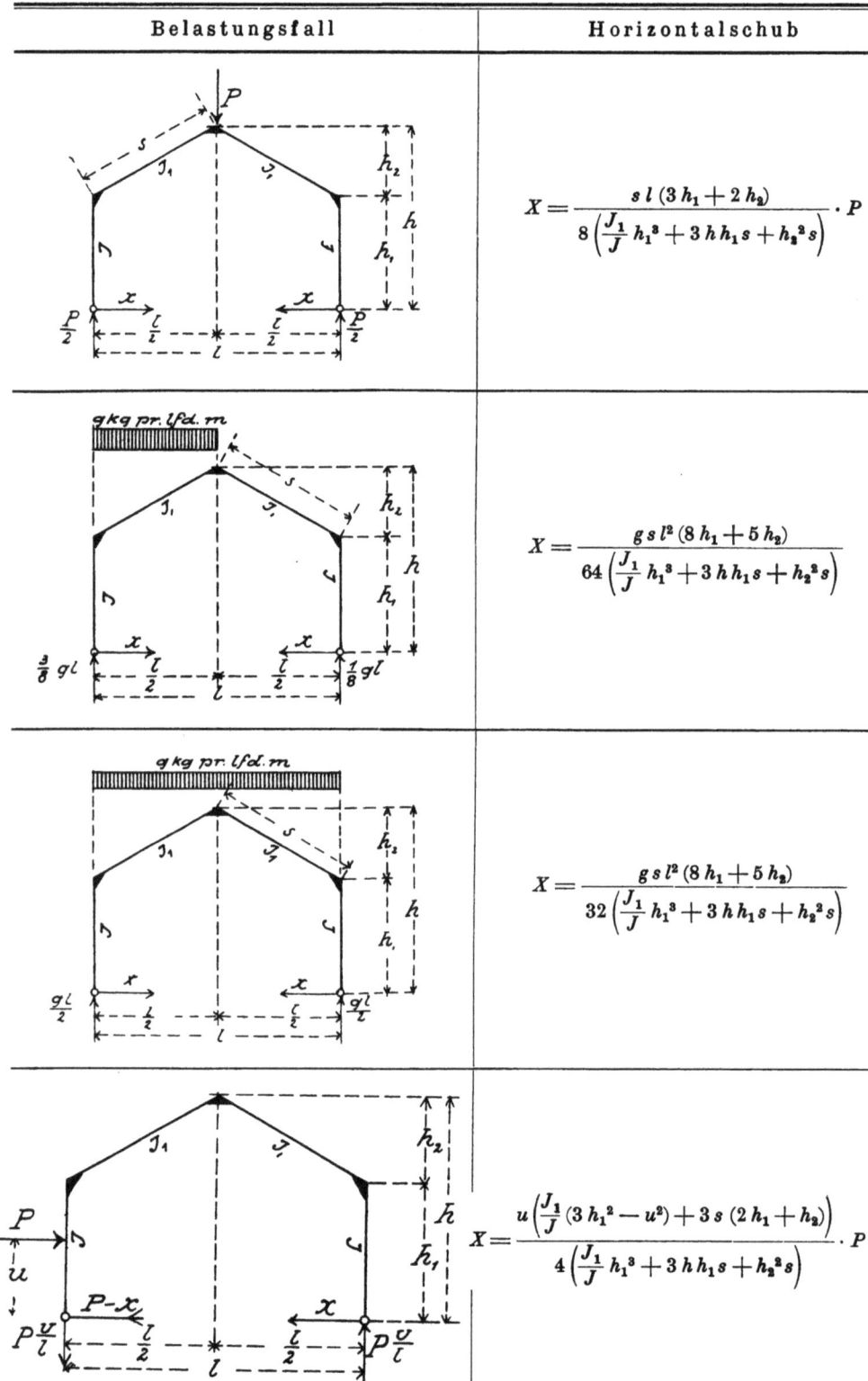

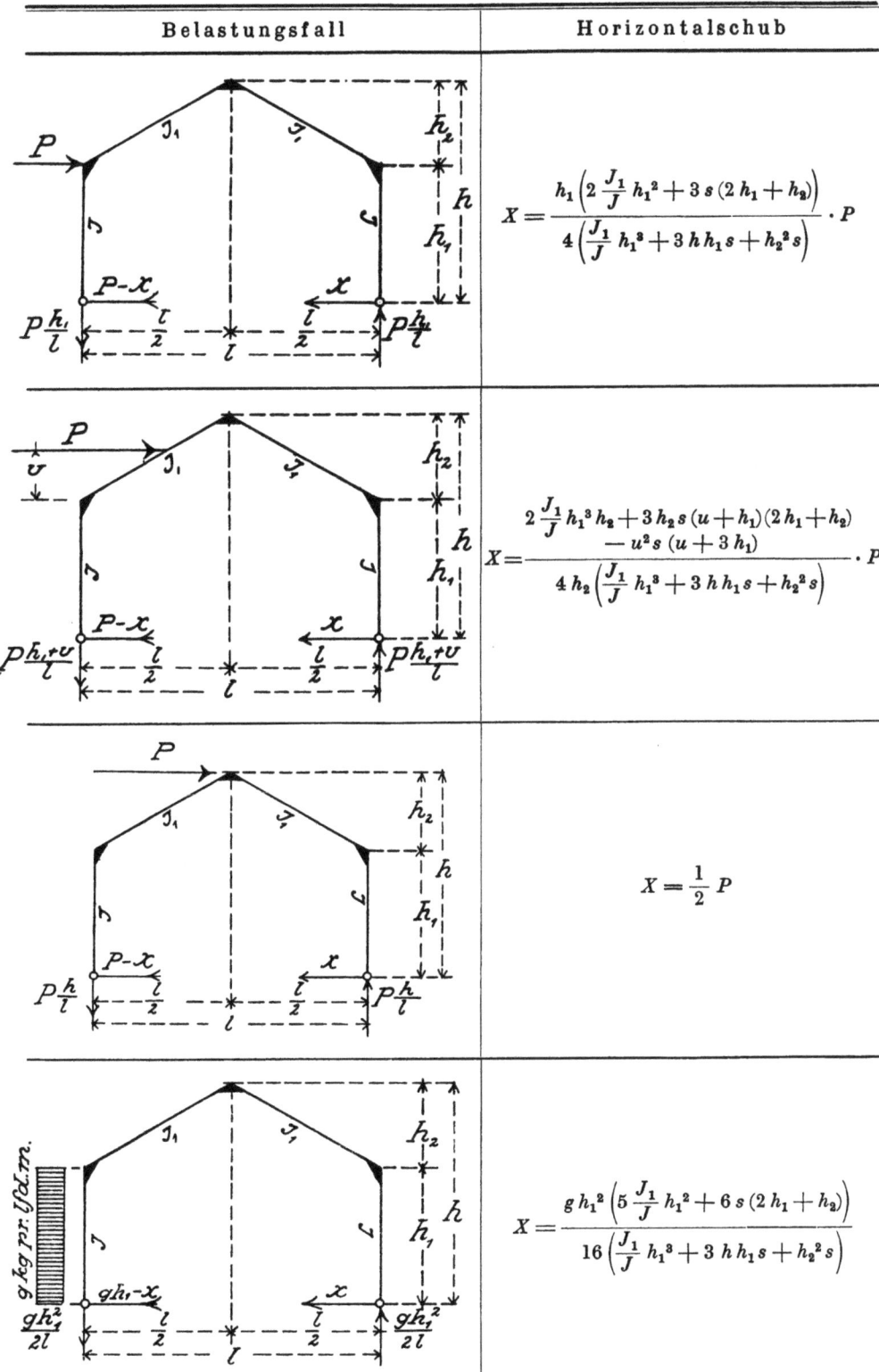

Belastungsfall	Horizontalschub
	$X = \dfrac{h_1\left(2\dfrac{J_1}{J}h_1{}^2 + 3s(2h_1+h_2)\right)}{4\left(\dfrac{J_1}{J}h_1{}^3 + 3hh_1 s + h_2{}^2 s\right)} \cdot P$
	$X = \dfrac{2\dfrac{J_1}{J}h_1{}^3 h_2 + 3h_2 s(u+h_1)(2h_1+h_2) - u^2 s(u+3h_1)}{4h_2\left(\dfrac{J_1}{J}h_1{}^3 + 3hh_1 s + h_2{}^2 s\right)} \cdot P$
	$X = \dfrac{1}{2}P$
	$X = \dfrac{gh_1{}^2\left(5\dfrac{J_1}{J}h_1{}^2 + 6s(2h_1+h_2)\right)}{16\left(\dfrac{J_1}{J}h_1{}^3 + 3hh_1 s + h_2{}^2 s\right)}$

— 40 —

Belastungsfall	Horizontalschub
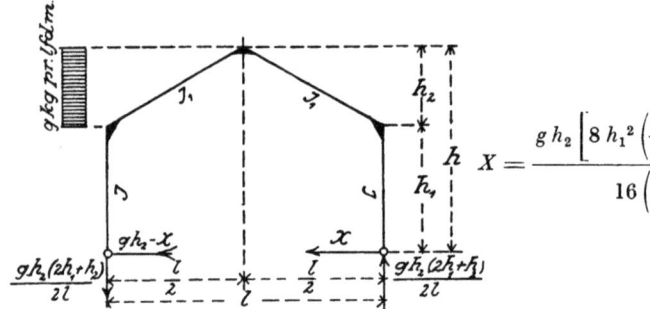	$$X = \frac{gh_2\left[8h_1^2\left(\frac{J_1}{J}h_1 + 3s\right) + 5h_2 s(4h_1 + h_2)\right]}{16\left(\frac{J_1}{J}h_1^3 + 3hh_1 s + h_2^2 s\right)}$$
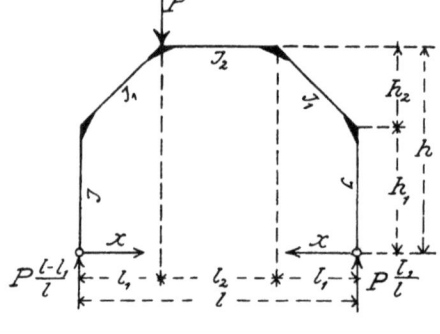	$$X = \frac{\lambda\left[\frac{J_2}{J_1}s(3l_1^2(2h_1 + h_2) - \lambda(3h_1 l_1 + h_2\lambda)) + 3hl_1^2 l_2\right]}{2l_1^2\left(2\frac{J_2}{J}h_1^3 + 2\frac{J_2}{J_1}s(3hh_1 + h_2^2) + 3h^2 l_2\right)} \cdot P$$
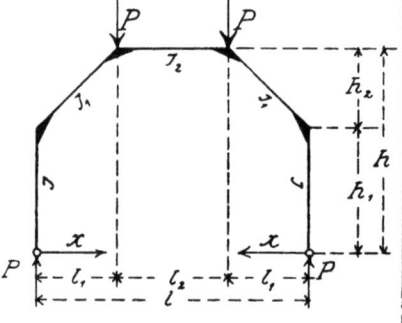	$$X = \frac{l_1\left[\frac{J_2}{J_1}s(3h_1 + 2h_2) + 3hl_2\right]}{2\left(2\frac{J_2}{J}h_1^3 + 2\frac{J_2}{J_1}s(3hh_1 + h_2^2) + 3h^2 l_2\right)} \cdot P$$
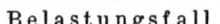	$$X = \frac{l_1\left[\frac{J_2}{J_1}s(3h_1 + 2h_2) + 3hl_2\right]}{2\frac{J_2}{J}h_1^3 + 2\frac{J_2}{J_1}s(3hh_1 + h_2^2) + 3h^2 l_2} \cdot P$$

Belastungsfall	Horizontalschub
	$X = \dfrac{\dfrac{J_2}{J_1} l_1 s (3 h_1 + 2 h_2) + 3 h (\lambda \varrho - l_1{}^2)}{2 \left(2 \dfrac{J_2}{J} h_1{}^3 + 2 \dfrac{J_2}{J_1} s (3 h h_1 + h_2{}^2) + 3 h^2 l_2\right)} \cdot P$
	$X = \dfrac{g l_1{}^2 \left(\dfrac{J_2}{J_1} s (8 h_1 + 5 h_2) + 6 h l_2\right)}{8 \left(2 \dfrac{J_2}{J} h_1{}^3 + 2 \dfrac{J_2}{J_1} s (3 h h_1 + h_2{}^2) + 3 h^2 l_2\right)}$
	$X = \dfrac{g l_1{}^2 \left(\dfrac{J_2}{J_1} s (8 h_1 + 5 h_2) + 6 h l_2\right)}{4 \left(2 \dfrac{J_2}{J} h_1{}^3 + 2 \dfrac{J_2}{J_1} s (3 h h_1 + h_2{}^2) + 3 h^2 l_2\right)}$
	$X = \dfrac{g l_2 \left(2 \dfrac{J_2}{J_1} s l_1 (3 h_1 + 2 h_2) + h l_2 (6 l_1 + l_2)\right)}{4 \left(2 \dfrac{J_2}{J} h_1{}^3 + 2 \dfrac{J_2}{J_1} s (3 h h_1 + h_2{}^2) + 3 h^2 l_2\right)}$

— 42 —

Belastungsfall	Horizontalschub

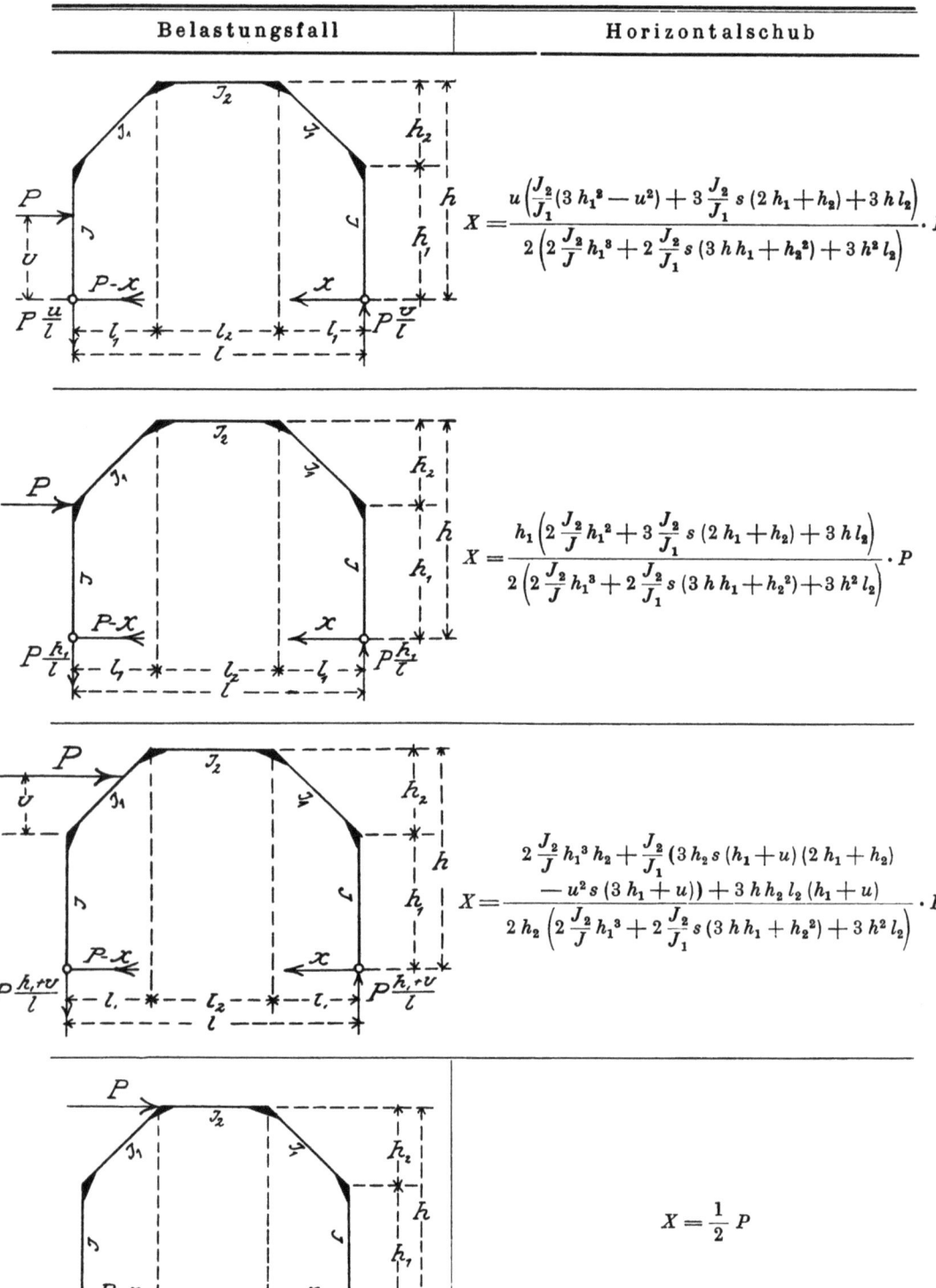

$$X = \frac{u\left(\dfrac{J_2}{J_1}(3h_1^2 - u^2) + 3\dfrac{J_2}{J_1}s(2h_1 + h_2) + 3hl_2\right)}{2\left(2\dfrac{J_2}{J}h_1^3 + 2\dfrac{J_2}{J_1}s(3hh_1 + h_2^2) + 3h^2 l_2\right)} \cdot P$$

$$X = \frac{h_1\left(2\dfrac{J_2}{J}h_1^2 + 3\dfrac{J_2}{J_1}s(2h_1 + h_2) + 3hl_2\right)}{2\left(2\dfrac{J_2}{J}h_1^3 + 2\dfrac{J_2}{J_1}s(3hh_1 + h_2^2) + 3h^2 l_2\right)} \cdot P$$

$$X = \frac{2\dfrac{J_2}{J}h_1^3 h_2 + \dfrac{J_2}{J_1}(3h_2 s(h_1 + u)(2h_1 + h_2) - u^2 s(3h_1 + u)) + 3hh_2 l_2(h_1 + u)}{2h_2\left(2\dfrac{J_2}{J}h_1^3 + 2\dfrac{J_2}{J_1}s(3hh_1 + h_2^2) + 3h^2 l_2\right)} \cdot P$$

$$X = \frac{1}{2}P$$

Belastungsfall	Horizontalschub
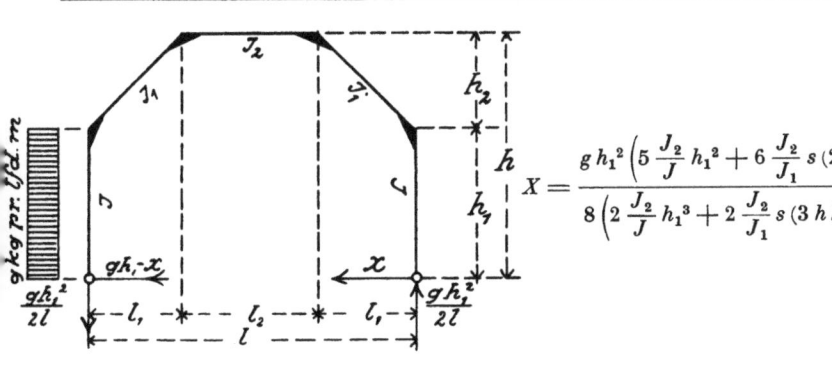	$$X = \frac{g h_1^2 \left(5 \frac{J_2}{J} h_1^2 + 6 \frac{J_2}{J_1} s (2 h_1 + h_2) + 6 h l_2\right)}{8 \left(2 \frac{J_2}{J} h_1^3 + 2 \frac{J_2}{J_1} s (3 h h_1 + h_2^2) + 3 h^2 l_2\right)}$$
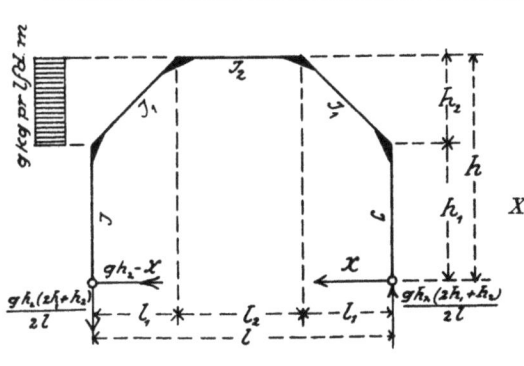	$$X = \frac{g h_2 \left[8 \frac{J_2}{J} h_1^3 + \frac{J_2}{J_1} s (24 h_1^2 + 5 h_2 (4 h_1 + h_2)) + 6 h l_2 (2 h_1 + h_2)\right]}{8 \left(2 \frac{J_2}{J} h_1^3 + 2 \frac{J_2}{J_1} s (3 h h_1 + h_2^2) + 3 h^2 l_2\right)}$$
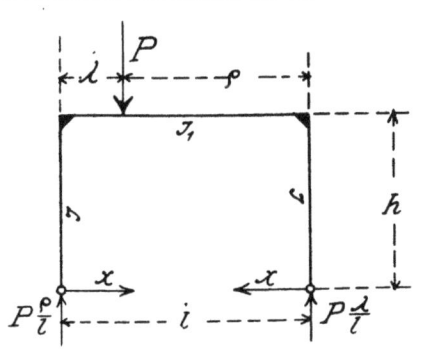	$$X = \frac{3 \lambda \varrho}{2 h \left(2 \frac{J_1}{J_2} h + 3 l\right)} \cdot P$$
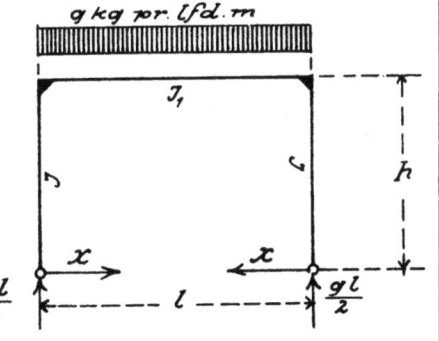	$$X = \frac{g l^3}{4 h \left(2 \frac{J_1}{J} h + 3 l\right)}$$

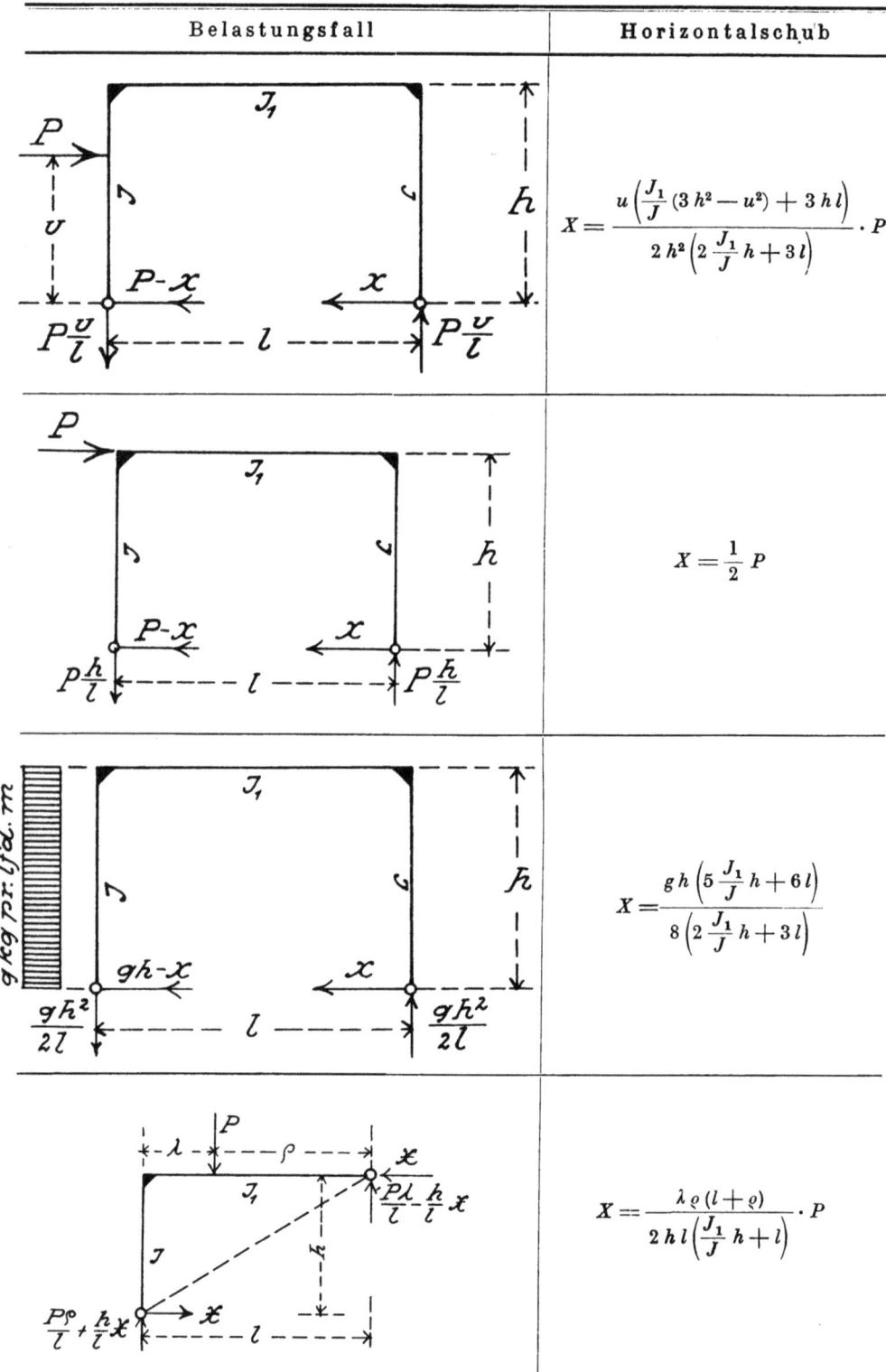

Belastungsfall	Horizontalschub
	$X = \dfrac{u\left(\dfrac{J_1}{J}(3h^2 - u^2) + 3hl\right)}{2h^2\left(2\dfrac{J_1}{J}h + 3l\right)} \cdot P$
	$X = \dfrac{1}{2} P$
	$X = \dfrac{gh\left(5\dfrac{J_1}{J}h + 6l\right)}{8\left(2\dfrac{J_1}{J}h + 3l\right)}$
	$X = \dfrac{\lambda\varrho(l+\varrho)}{2hl\left(\dfrac{J_1}{J}h + l\right)} \cdot P$

Belastungsfall	Horizontalschub
(Gleichlast g kg pro lfd. m auf Riegel, Rahmen mit Höhe h, Spannweite l, Trägheitsmoment J_1 oben, J Stiel)	$X = \dfrac{g\,l^3}{8h\left(\dfrac{J_1}{J}h + l\right)}$
(Horizontalkraft P in Höhe u am Stiel)	$X = \dfrac{u\left[\dfrac{J_1}{J}(3h^2 - u^2) + 2hl\right]}{2h^2\left(\dfrac{J_1}{J}h + l\right)} \cdot P$
(Horizontalkraft P oben)	$X = P$
(Gleichlast g kg pro lfd. m auf Stiel)	$X = \dfrac{gh\left(5\dfrac{J_1}{J}h + 4l\right)}{8\left(\dfrac{J_1}{J}h + l\right)}$
(Last P auf Schrägriegel, Abstand λ, Längen l_1, l_2, s, Trägheitsmoment J_2)	$X = \dfrac{\lambda\left[\dfrac{J_2}{J_1}s\{l(l_1^2 - \lambda^2) + 2l_1^2 l_2\} + 2l_1^2 l_2^2\right]}{2h\,l_1^2\,l_2\left(\dfrac{J_2}{J_1}s + l_2\right)} \cdot P$

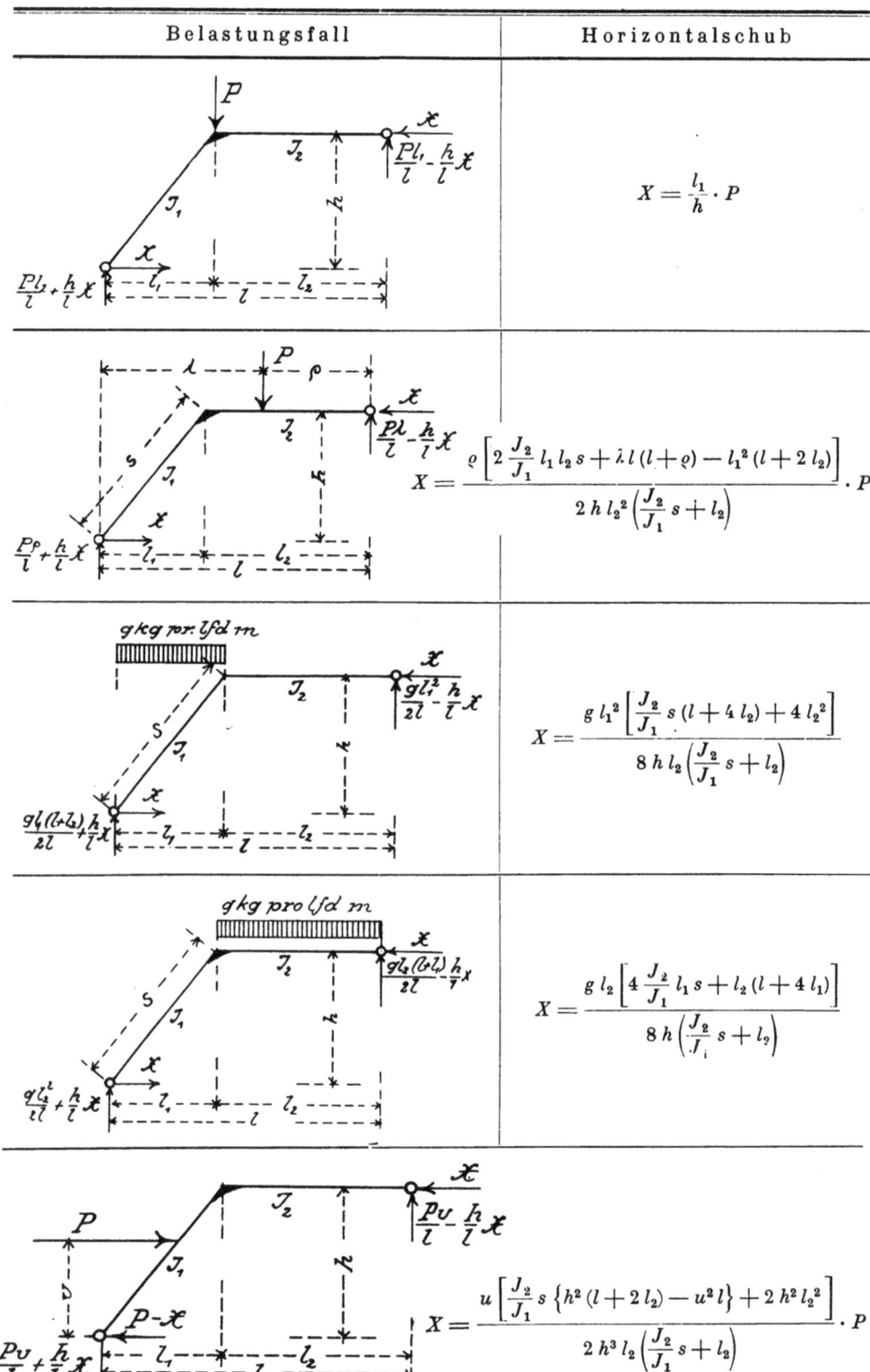

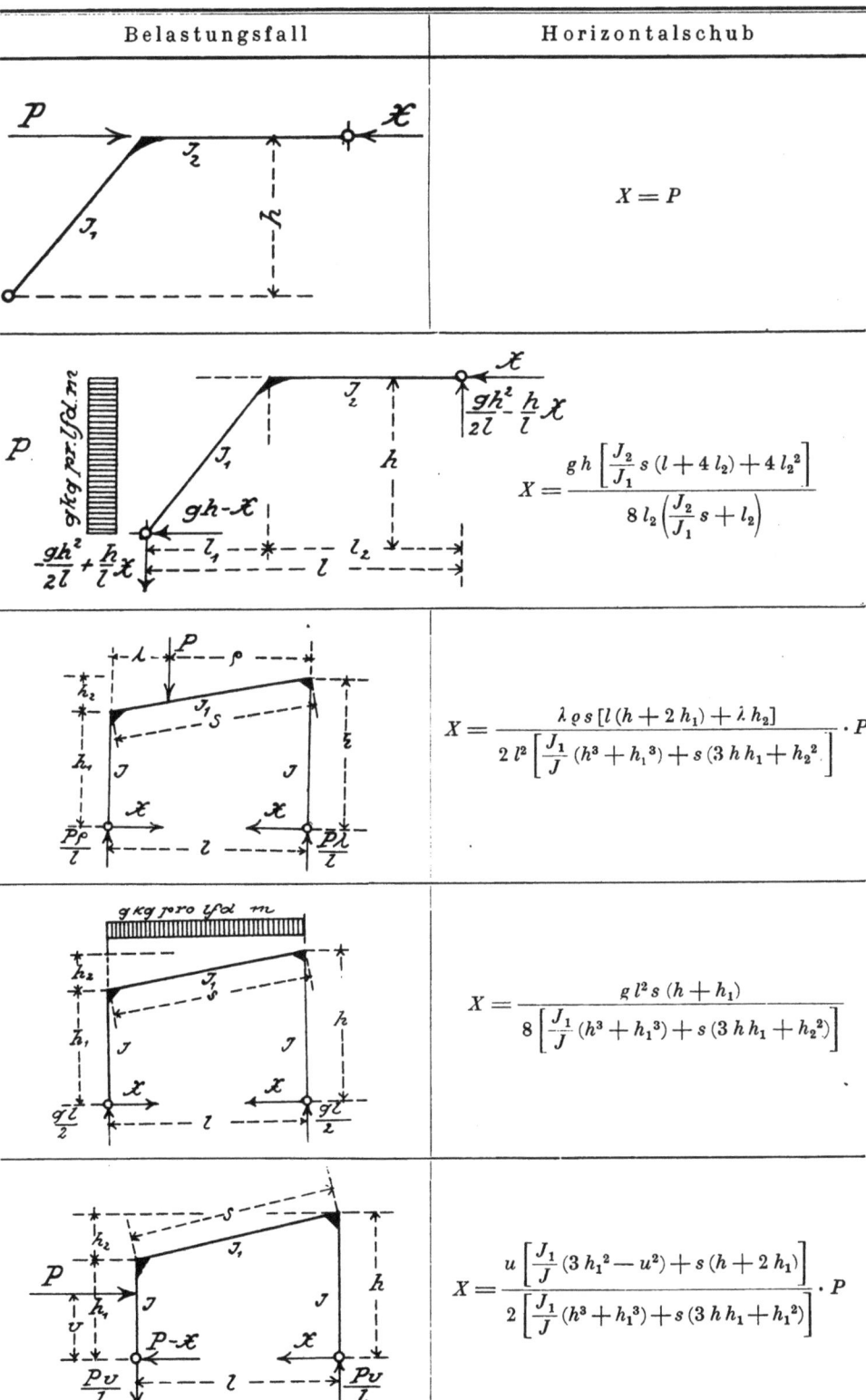

— 48 —

Belastungsfall	Horizontalschub
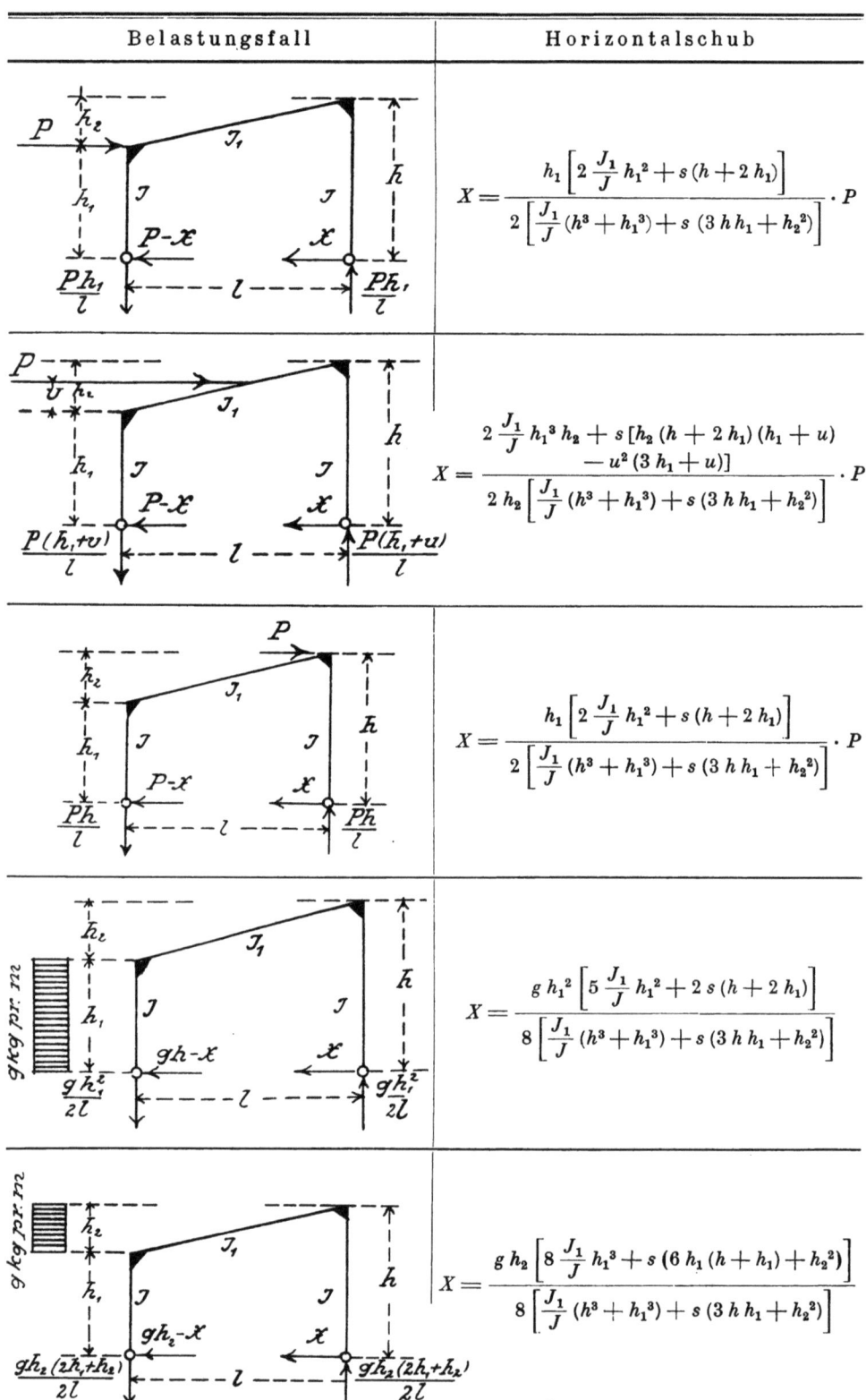	$X = \dfrac{h_1 \left[2 \dfrac{J_1}{J} h_1{}^2 + s(h + 2h_1) \right]}{2 \left[\dfrac{J_1}{J}(h^3 + h_1{}^3) + s(3hh_1 + h_2{}^2) \right]} \cdot P$
	$X = \dfrac{2 \dfrac{J_1}{J} h_1{}^3 h_2 + s[h_2(h+2h_1)(h_1+u) - u^2(3h_1+u)]}{2h_2 \left[\dfrac{J_1}{J}(h^3+h_1{}^3) + s(3hh_1+h_2{}^2) \right]} \cdot P$
	$X = \dfrac{h_1 \left[2 \dfrac{J_1}{J} h_1{}^2 + s(h+2h_1) \right]}{2 \left[\dfrac{J_1}{J}(h^3+h_1{}^3) + s(3hh_1+h_2{}^2) \right]} \cdot P$
	$X = \dfrac{g h_1{}^2 \left[5 \dfrac{J_1}{J} h_1{}^2 + 2s(h+2h_1) \right]}{8 \left[\dfrac{J_1}{J}(h^3+h_1{}^3) + s(3hh_1+h_2{}^2) \right]}$
	$X = \dfrac{g h_2 \left[8 \dfrac{J_1}{J} h_1{}^3 + s(6h_1(h+h_1) + h_2{}^2) \right]}{8 \left[\dfrac{J_1}{J}(h^3+h_1{}^3) + s(3hh_1+h_2{}^2) \right]}$

Belastungsfall	Horizontalschub
(Fig.)	$X = \dfrac{u\left[\dfrac{J_1}{J}(3h^2 - u^2) + s(2h + h_1)\right]}{2\left[\dfrac{J_1}{J}(h^3 + h_1^3) + s(3hh_1 + h_2^2)\right]} \cdot P$
(Fig.)	$X = \dfrac{h\left[2\dfrac{J_1}{J}h^2 + s(2h + h_1)\right]}{2\left[\dfrac{J_1}{J}(h^3 + h_1^3) + s(3hh_1 + h_2^2)\right]} \cdot P$
(Fig.)	$X = \dfrac{gh^2\left[5\dfrac{J_1}{J}h^2 + 2s(2h + h_1)\right]}{8\left[\dfrac{J_1}{J}(h^3 + h_1^3) + s(3hh_1 + h_2^2)\right]}$

D. Rechnungsbeispiel.

Ein Mansarddachbinder erfahre gleichmäßig verteilte Belastungen und Einzellasten in lotrechter und wagrechter Richtung. Der Binder ist als trapezförmiger Steifrahmen mit zwei Fußgelenken ausgebildet, zwischen denen ein Zugband zur Aufnahme des Horizontalschubes eingeschaltet ist, so daß die Umfassungsmauern nur senkrechte Auflagerdrücke erleiden.

In Fig. 3 ist die Form des Binders dargestellt; die Spannweite beträgt 14,80 m und die Höhe 4,2 m. Der Binder werde in Riegel und Schrägen in gleicher Stärke ausgeführt, so daß die Querschnitte gleiches Trägheitsmoment besitzen. In Fig. 4 ist das Belastungsschema dargestellt.

Die Ermittlung des Horizontalschubes X ergibt sich nun nach Teil 3:

$$X_{g_1} = \frac{g_1 l_1^2 (5s + 6l_2)}{4h(2s + 3l_2)} \text{ für beide Lasten } g_1,$$

$$= \frac{1965 \cdot 3{,}9^2 (28{,}65 + 42)}{4 \cdot 4{,}2 (11{,}46 + 21{,}0)} = 3870 \text{ kg} = 3{,}87 \text{ t},$$

$$X_{g_2} = \frac{g_2 l_2 (4s l_1 + l_2 [6 l_1 + l_2])}{4h(2s + 3l_2)} \text{ für die Last } g_2,$$

$$= \frac{500 \cdot 7 [4 \cdot 5{,}73 \cdot 3{,}9 + 7 (6 \cdot 3{,}9 + 7)]}{4 \cdot 4{,}2 (11{,}46 + 21)} = 1936 \text{ kg} = 1{,}94 \text{ t},$$

$$X_{P_1} = \frac{l_1}{h} \cdot P, \text{ für beide Lasten } P,$$

$$= \frac{3{,}9}{4{,}2} 16000 = 14850 \text{ kg} = 14{,}9 \text{ t},$$

$$X_{P_2} = \frac{2 s l_1 + 3 (\lambda \varrho - l_1^2)}{h(2s + 3l_2)} \cdot P_2, \text{ für beide Lasten } P_2,$$

$$= \frac{2 \cdot 5{,}73 \cdot 3{,}9 + 3 (4{,}9 \cdot 9{,}9 - 3{,}9^2)}{4{,}2 (11{,}46 + 21)} \cdot 2320 = 2455 \text{ kg} = 2{,}46 \text{ t},$$

$$X_{g_3} = \frac{g_3 h (5s + 6l_2)}{8 (2s + 3l_2)} \text{ am Auflager } B,$$

$$= \frac{425 \cdot 4{,}2 (28{,}65 + 42)}{8 (11{,}46 + 21)} = 485 \text{ kg} = 0{,}49 \text{ t},$$

$$g_3 h - X_{g_3} = 425 \cdot 4{,}2 - 485 = 1300 \text{ kg} = 1{,}3 \text{ t am Auflager } A,$$

$$X_{P_3} = \frac{1}{2} 1620 = 810 \text{ kg} = 0{,}81 \text{ t an beiden Auflagern.}$$

Nach Bestimmung der verschiedenen Werte von X erfolgt die weitere Rechnung getrennt für lotrechte Belastung und Windbelastung.

Der Horizontalschub für lotrechte Belastung ist:

$$X_v = X_{g_1} + X_{g_2} + X_{P_1} + X_{P_2},$$
$$= 3{,}87 + 1{,}94 + 14{,}9 + 2{,}46 = 23{,}2 \text{ t}$$

an beiden Auflagern.

Die senkrechten Auflagerdrücke infolge der lotrechten Belastung ergeben sich zu:

$$A_v = B_v = 1{,}965 \cdot 3{,}9 + \frac{0{,}5 \cdot 7}{2} + 16 + 2{,}32 = 27{,}7 \text{ t}.$$

Der Horizontalschub für Windbelastung ist:

$$X_{w \text{ links}} = (g_3 h - X_{g_3}) + \frac{P_3}{2} = 1{,}3 + 0{,}81 = 2{,}11 \text{ t}.$$

Am linken Auflager nach außen wirkend.

$$X_{w \text{ rechts}} = X_{g_3} + X_{P_3} = 0{,}49 + 0{,}81 = 1{,}3 \text{ t}.$$

Am rechten Auflager B nach innen wirkend.

Die senkrechten Auflagerdrücke infolge Windlast sind:

$A_w = B_w$ (am linken Auflager abwärts, am rechten aufwärts wirkend)

$$= \frac{g_3 h^2}{2 l} + \frac{P_3 h}{l} = \frac{0{,}425 \cdot 4{,}2^2}{2 \cdot 14{,}8} + \frac{1{,}62 \cdot 4{,}2}{14{,}8} = 0{,}714 \text{ t}.$$

Nach Aufstellung dieser Werte für den Horizontalschub und der senkrechten Auflagerdrücke sind sämtliche äußeren Kräfte bekannt. Es lassen sich nun für jeden Querschnitt des Rahmens in bekannter Weise die Momente und Längskräfte berechnen, auf Grund deren Ermittlung die Dimensionierung oder der Spannungsnachweis erfolgen kann.

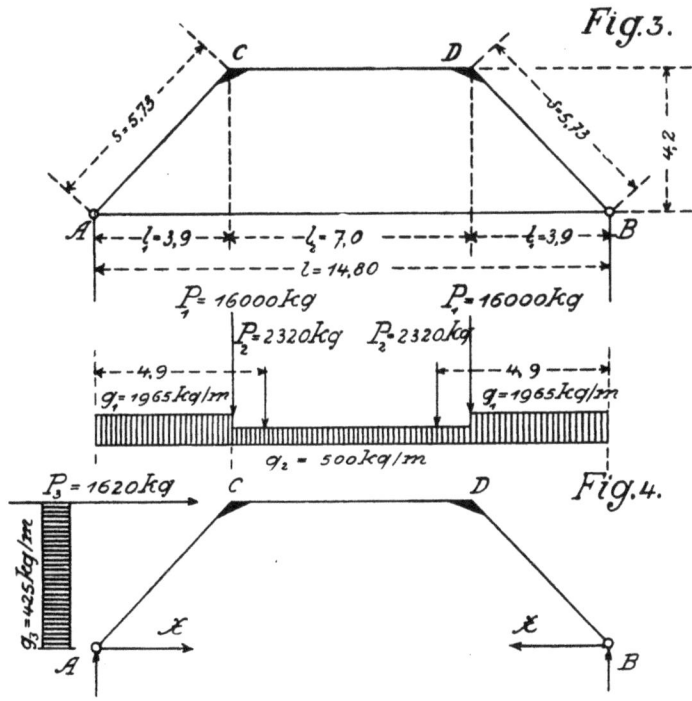

Es möge hier noch der Momentenverlauf für lotrechte und Windlasten vorgeführt werden (siehe Fig. 5 und 6).

Gelenkpunkt bei $A: M = 0$,

Querschnitt bei 1: $M = 27{,}7 \cdot 1{,}3 - \dfrac{1{,}965 \cdot 1{,}3^2}{2} - 23{,}2 \cdot 1{,}4 = 1{,}98$ tm,

» » 2: $M = 27{,}7 \cdot 2{,}6 - \dfrac{1{,}965 \cdot 2{,}6^2}{2} - 23{,}2 \cdot 2{,}8 = 0{,}60$ tm,

» » $C: M = 27{,}7 \cdot 3{,}90 - \dfrac{1{,}965 \cdot 3{,}9^2}{2} - 23{,}2 \cdot 2{,}8 = -4{,}3$ tm,

» » 3: $M = 27{,}7 \cdot 5{,}65 - 1{,}965 \cdot 3{,}9 \cdot 3{,}7 - 16{,}0 \cdot 1{,}75 - 2{,}32 \cdot 0{,}75$
$- \dfrac{0{,}5 \cdot 1{,}75^2}{2} - 23{,}2 \cdot 4{,}2 = 0{,}3$ tm,

» » 4: $M = 27{,}7 \cdot 7{,}4 - 1{,}965 \cdot 3{,}9 \cdot 5{,}45 - 16{,}0 \cdot 3{,}5 - 2{,}32 \cdot 2{,}5$
$- \dfrac{0{,}5 \cdot 3{,}5^2}{2} - 23{,}2 \cdot 4{,}2 = 0{,}83$ tm,

Querschnitt bei $5 : M = 0{,}3$ tm,
» » $D : M = -4{,}3$ tm,
» » $6 : M = 0{,}6$ tm,
» » $7 : M = 1{,}89$ tm,
Gelenkpunkt » $B : M = 0$ tm.

Der Momentenverlauf für lotrechte Lasten ist in Fig. 5 dargestellt.

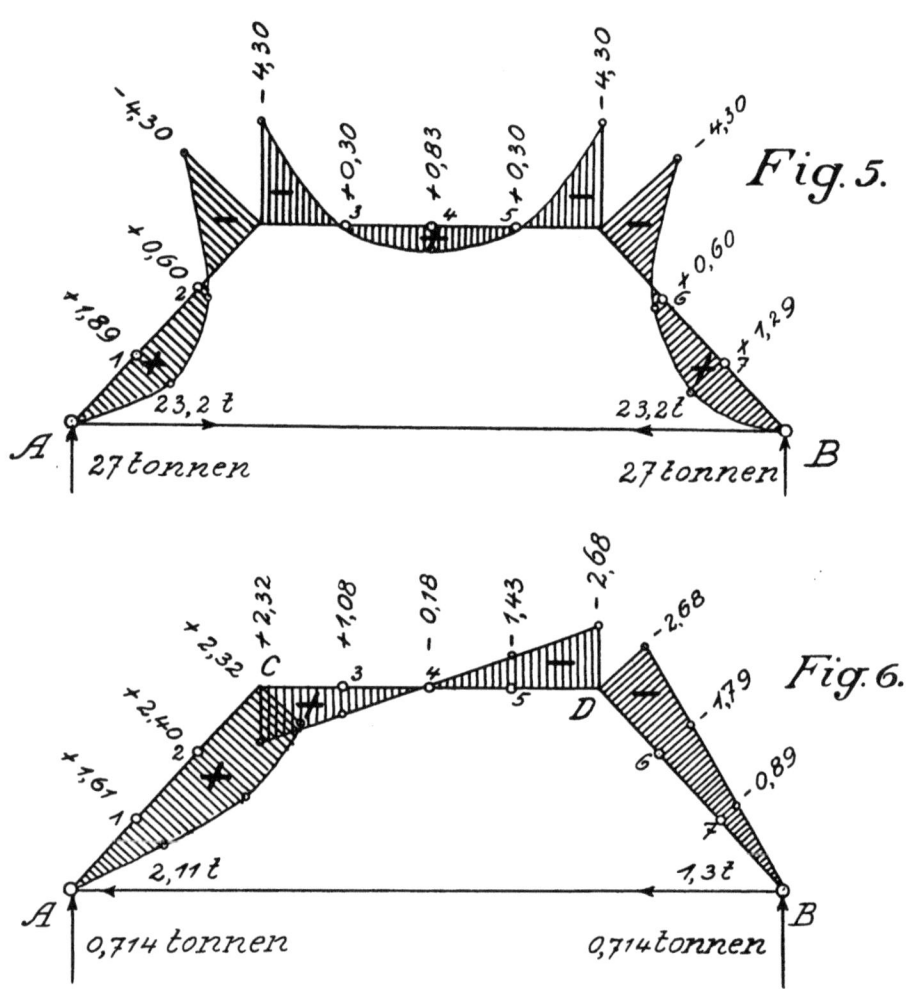

Für Windlasten erhält man:

Gelenkpunkt bei $A : M = -0$,

Querschnitt bei $1 : M = -0{,}714 \cdot 1{,}3 - \dfrac{0{,}425 \cdot 1{,}4^2}{2} + 2{,}11 \cdot 1{,}4 = 1{,}6$ tm,

» » $2 : M = -0{,}714 \cdot 2{,}6 - \dfrac{0{,}425 \cdot 2{,}8^2}{2} + 2{,}11 \cdot 2{,}8 = 2{,}4$ tm,

» » $C : M = -0{,}714 \cdot 3{,}9 - \dfrac{0{,}425 \cdot 4{,}2^2}{2} + 2{,}11 \cdot 4{,}2 = 2{,}32$ tm.

Die weitere Berechnung der Momente geschehe vom rechten Auflager aus.

Querschnitt bei $3: M = 0{,}714 \cdot 9{,}15 - 1{,}3 \cdot 4{,}2 = 1{,}08$ tm,
» » $4: M = 0{,}714 \cdot 7{,}4 - 1{,}3 \cdot 4{,}2 = -0{,}18$ tm,
» » $D: M = 0{,}714 \cdot 3{,}9 - 1{,}3 \cdot 4{,}2 = -2{,}68$ tm,
Gelenkpunkt bei $B: M = 0$.

In Fig. 6 ist der Momentenverlauf für Wind dargestellt; für die Stäbe CD und BD ist der Verlauf geradlinig.

Aus den beiden Momentendarstellungen für lotrechte Belastung (Fig. 5 und 6) und Windkräfte ergeben sich für jeden Querschnitt des Rahmens die Maximal- und Minimalmomente, die sich entweder in einer Tabelle zusammenstellen oder in einer weiteren Abbildung graphisch darstellen lassen.

Teil IV.

Zweigelenkrahmen mit einer oder mehreren Pendelsäulen.

A. Allgemeines Rechnungsverfahren.

I. Zur Ermittlung der statisch Unbekannten dieser Rahmenart erweist es sich als zweckmäßig, die allgemeinen Elastizitätsgleichungen in der folgenden Form anzuwenden: (siehe Müller-Breslau, Graphische Statik, II. Bd., II. Abt.).

$$\left. \begin{array}{l} \delta_{aa} X_a + \delta_{ba} X_b + \delta_{ca} X_c + \ldots = \delta_{0a} \\ \delta_{ab} X_a + \delta_{bb} X_b + \delta_{cb} X_c + \ldots = \delta_{0b} \\ \delta_{ac} X_a + \delta_{bc} X_b + \delta_{cc} X_c + \ldots = \delta_{0c} \end{array} \right\} \ldots \ldots 1).$$

Die Größen X_a, X_b, X_c usw. bedeuten die statisch Unbekannten des Systems.

Die Werte δ_{aa}, $\delta_{ab} = \delta_{ba}$, δ_{bb} $\delta_{ac} = \delta_{ca}$, $\delta_{bc} = \delta_{cb}$, δ_{cc} usw. lassen sich mittels der Formel:

$$\delta_{ik} = \int \frac{M_i M_k}{E \cdot J} \cdot dx \ldots \ldots \ldots 2)$$

berechnen, wobei i und k zwei beliebige Zeiger vorstellen. In dieser Formel ist nur der Einfluß der Biegungsmomente auf die Formänderungsarbeit berücksichtigt, während der Einfluß der Längs- und Querkräfte, Stützverschiebungen und Temperaturänderungen vernachlässigt ist.

M_i ist das Biegungsmoment für irgendeinen Querschnitt des statisch bestimmt gemachten Rahmens, wenn nur eine äußere Kraft $X_i = -1$ am Rahmen wirksam ist. Dieser Belastungsfall wird als Zustand $X_i = -1$ bezeichnet.

M_k ist das Biegungsmoment für irgendeinen Querschnitt des statisch bestimmt gemachten Rahmens, wenn nur eine äußere Kraft $X_k = -1$ angreift. Zustand $X_k = -1$.

Die Werte δ_{0a}, δ_{0b}, δ_{0c} .... berechnen sich nach der allgemeinen Formel:

$$\delta_{0k} = \int \frac{M_0 M_k}{E \cdot J} \cdot dx \ldots \ldots \ldots 3).$$

M_0 ist das Biegungsmoment für irgendeinen Querschnitt des statisch bestimmt gemachten Rahmens unter Wirkung der gegebenen Belastung; dabei sind sämtliche statisch Unbekannte $= 0$ gesetzt. Dieser Belastungsfall wird als Zustand $X = 0$ bezeichnet.

II. Die vertikalen Auflagerreaktionen in den Gelenken ergeben sich aus den Gleichungen:

$$\left.\begin{array}{l} A = A_0 - A_a X_a - A_b X_b - A_c X_c - \ldots \\ B = B_0 - B_a X_a - B_b X_b - B_c X_c - \ldots \end{array}\right\} \quad \ldots \quad 4),$$

wobei A_0 die linke Auflagerkraft,
B_0 die rechte Auflagerkraft für den Zustand $X = 0$,
A_a die linke Auflagerkraft,
B_a die rechte Auflagerkraft für den Zustand $X_a = -1$,
A_b die linke Auflagerkraft,
B_b die rechte Auflagerkraft für den Zustand $X_b = -1$,
A_c die linke Auflagerkraft,
B_c die rechte Auflagerkraft für den Zustand $X_c = -1$

bedeuten.

III. Um die in den Rahmenquerschnitten wirksamen, für die Bestimmung der Querschnittsdimensionen in Betracht kommenden Momente, bezeichnet mit M, zu berechnen, wird die Gleichung verwendet:

$$M = M_0 - M_a X_a - M_b X_b - M_c X_c - \ldots \quad \ldots \quad 5).$$

Hierin bedeutet:

M_0 das Biegungsmoment eines Querschnittes für den Zustand $X = 0$,
M_a »   »   »   »   » » » $X_a = -1$,
M_b »   »   »   »   » » » $X_b = -1$,
M_c »   »   »   »   » » » $X_c = -1$.

IV. Die Flächen der Biegungsmomente lassen sich in Teile zerlegen, die genügend genau als Trapeze, Rechtecke oder Dreiecke angesehen werden können.

Für den allgemeinen Ausdruck $\int M_i M_k \, dx$ ergeben sich nach »Müller-Breslau, Graphische Statik, II. Bd., II. Abt.«, folgende Formeln für die Praxis:

a) **Beide M-Flächen sind Trapeze:**

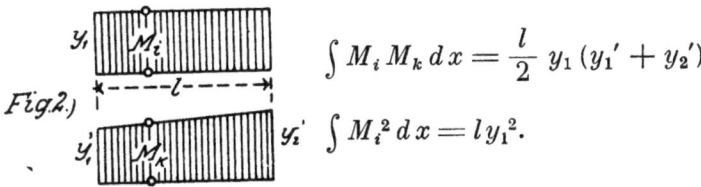

$$\int M_i M_k \, dx = \frac{l}{6} \left[y_1 (2 y_1' + y_2') + y_2 (2 y_2' + y_1') \right]$$

$$\int M_i^2 \, dx = \frac{l}{3} \left[y_1^2 + y_1 y_2 + y_2^2 \right].$$

b) **Die M_i-Fläche ist ein Rechteck, die M_k-Fläche ein Trapez:**

$$\int M_i M_k \, dx = \frac{l}{2} y_1 (y_1' + y_2')$$

$$\int M_i^2 \, dx = l y_1^2.$$

— 56 —

c) Die M_i-Fläche ist ein Dreieck, die M_k-Fläche ein Trapez:

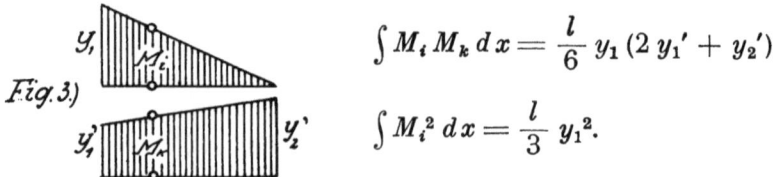

$$\int M_i M_k\, dx = \frac{l}{6} y_1 (2 y_1' + y_2')$$

$$\int M_i^2\, dx = \frac{l}{3} y_1^2.$$

d) Beide M-Flächen sind Rechtecke:

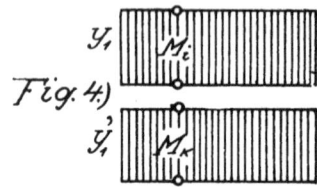

$$\int M_i M_k\, dx = l\, y_1 \cdot y_1'.$$

e) Die M_i-Fläche ist ein Rechteck, die M_k-Fläche ein Dreieck:

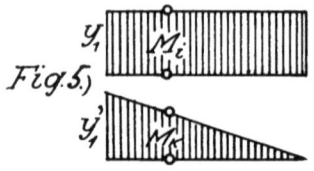

$$\int M_i M_k\, dx = \frac{l}{2} y_1 \cdot y_1'.$$

f) Beide M-Flächen sind Dreiecke:

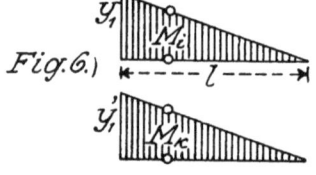

$$\int M_i M_k\, dx = \frac{l}{3} y_1 \cdot y_1'.$$

B. Beispiel zur Erläuterung des allgemeinen Rechnungsverfahrens.

Auf einen in Fig. 7 dargestellten Zweigelenkrahmen mit einer in der Mitte der Spannweite befindlichen Pendelsäule wirken vertikale und horizontale Lasten. Die Trägheitsmomente der Stabquerschnitte werden als konstant angenommen.

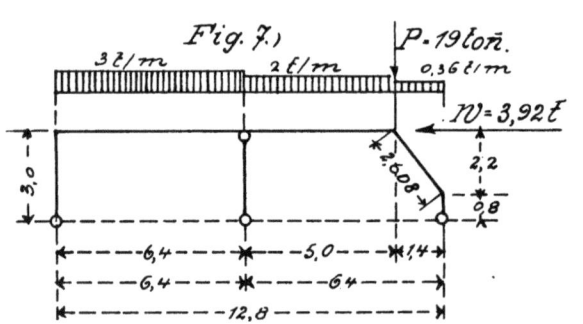

Die Untersuchung werde getrennt für die vertikale und horizontale Belastung ausgeführt.

a) Untersuchung für vertikale Belastung.

In Fig. 8 ist das Belastungsschema der lotrechten Lasten angegeben, durch welche die vertikalen Auflagerdrücke A und B, der Horizontalschub X_a sowie der senkrechte Stützendruck X_b in der Pendelsäule hervorgerufen werden.

I. Zur Bestimmung der zwei statisch Unbekannten X_a und X_b dienen die beiden Gleichungen:

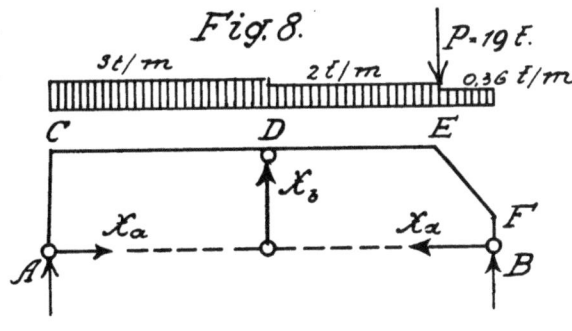

Fig. 8.

$\delta_{aa} X_a + \delta_{ba} X_b = \delta_{0a}$
$\delta_{ab} X_a + \delta_{bb} X_b = \delta_{0b}$

$\delta_{aa} = \int M_a^2 \, dx$, wobei M_a das Biegungsmoment bedeutet für irgendeinen Rahmenquerschnitt für den Zustand $X_a = -1$, der in Fig. 9 dargestellt ist.

Das Rahmensystem wird in der Weise statisch bestimmt gemacht, daß bei A ein bewegliches, bei B ein festes Auflager angeordnet wird. Die Momentenfläche M_a wird durch Fig. 9 veranschaulicht. Die M_a-Fläche setzt sich aus zwei Dreiecken, einem Rechteck und einem Trapez zusammen.

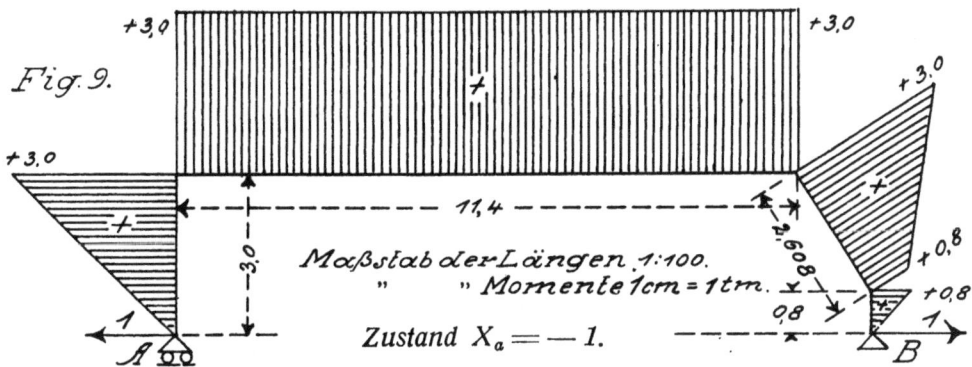

Für den Stabzug ergibt sich nun:

$$\delta_{aa} = \frac{3}{3} \cdot 3{,}0^2 + 11{,}4 \cdot 3{,}0^2 + \frac{2{,}608}{3}[3{,}0^2 + 3{,}0 \cdot 0{,}8 + 0{,}8^2] + \frac{0{,}8}{3} \cdot 0{,}8^2 = 122{,}24.$$

Ferner ist:

$\delta_{bb} = \int M_b^2 \, dx$, wobei M_b das Biegungsmoment für den Zustand $X_b = -1$ bedeutet, der in Fig. 10 zur Darstellung gebracht ist.

Die M_b-Fläche setzt sich aus zwei Dreiecken und einem Trapez zusammen. Für den Stabzug gilt nun:

$$\delta_{bb} = \frac{6{,}4}{3} \cdot 3{,}2^2 + \frac{5{,}0}{3}[3{,}2^2 + 3{,}2 \cdot 0{,}7 + 0{,}7^2] + \frac{2{,}608}{3} \cdot 0{,}7^2 = 43{,}888.$$

Ferner ergibt sich:

$$\delta_{ab} = \delta_{ba} = \int M_a M_b \, dx = \frac{6{,}4}{2} \cdot 3{,}0 \cdot 3{,}2 + \frac{5{,}0}{2} \cdot 3{,}0 (3{,}2 + 0{,}7)$$
$$+ \frac{2{,}608}{6} \cdot 0{,}7 (2 \cdot 3{,}0 + 0{,}8) = 62{,}039.$$

Zur Berechnung der Werte δ_{0a} und δ_{0b} sind die Biegungsmomente für den Zustand $X = 0$ zu bestimmen. Fig. 11.

Auflagerkräfte:
$A_0 = (3 \cdot 6{,}4 \cdot 9{,}6 + 2 \cdot 5{,}0 \cdot 3{,}9 + 19 \cdot 1{,}4 + 0{,}36 \cdot 1{,}4 \cdot 0{,}7) : 12{,}8 = 19{,}553$ t.
$B_0 = (3 \cdot 6{,}4 \cdot 3{,}2 + 2 \cdot 5{,}0 \cdot 8{,}9 + 19 \cdot 11{,}4 + 0{,}36 \cdot 1{,}4 \cdot 12{,}1) : 12{,}8 = 29{,}151$ t.

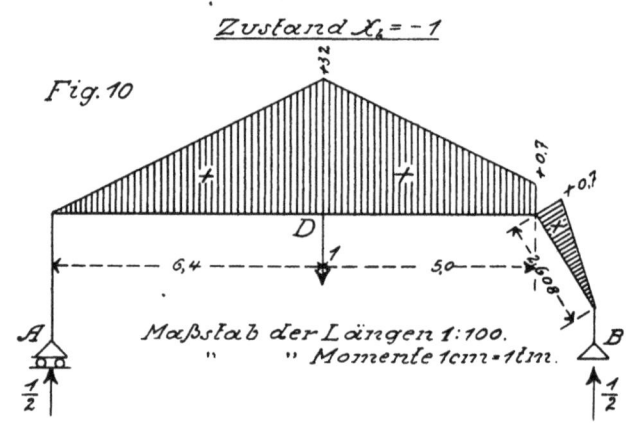

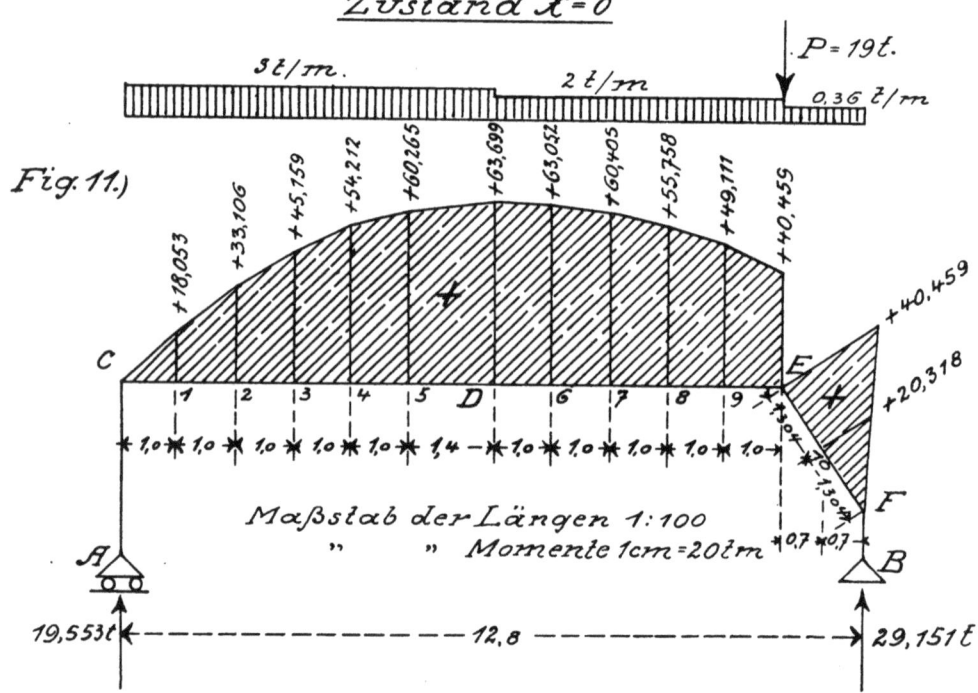

Biegungsmomente:

Zur Aufstellung der M_0-Fläche werden für eine größere Anzahl Punkte (1, 2, 3, 4 . . . .), die zur Vereinfachung der Rechnung in möglichst gleichen Abständen voneinander liegen, die Biegungsmomente berechnet. Diese sind in Fig. 11 über den entsprechenden Stäben aufgetragen.

$$_1M_0 = 19{,}553 \cdot 1{,}0 - \frac{3 \cdot 1{,}0^2}{2} \qquad = 18{,}053 \text{ tm}$$

$$_2M_0 = 19{,}553 \cdot 2{,}0 - \frac{3 \cdot 2^2}{2} \qquad = 33{,}106 \text{ »}$$

$$_3M_0 = 19{,}553 \cdot 3{,}0 - \frac{3 \cdot 3^2}{2} \qquad = 45{,}159 \text{ »}$$

$$_4M_0 = 19{,}553 \cdot 4{,}0 - \frac{3 \cdot 4^2}{2} \qquad = 54{,}212 \text{ »}$$

$$_5M_0 = 19{,}533 \cdot 5{,}0 - \frac{3 \cdot 5^2}{2} \qquad = 60{,}265 \text{ »}$$

$$_DM_0 = 19{,}553 \cdot 6{,}4 - \frac{3 \cdot 6{,}4^2}{2} \qquad = 63{,}699 \text{ »}$$

$$_6M_0 = 19{,}553 \cdot 7{,}4 - 19{,}2 \cdot 4{,}2 - \frac{2 \cdot 1^2}{2} = 63{,}052 \text{ »}$$

$$_7M_0 = 19{,}553 \cdot 8{,}4 - 19{,}2 \cdot 5{,}2 - \frac{2 \cdot 2^2}{2} = 60{,}405 \text{ »}$$

$$_8M_0 = 19{,}553 \cdot 9{,}4 - 19{,}2 \cdot 6{,}2 - \frac{2 \cdot 3^2}{2} = 55{,}758 \text{ »}$$

$$_9M_0 = 19{,}553 \cdot 10{,}4 - 19{,}2 \cdot 7{,}2 - \frac{2 \cdot 4^2}{2} = 49{,}111 \text{ »}$$

$$_EM_0 = 29{,}151 \cdot 1{,}4 - 0{,}504 \cdot 0{,}7 \qquad = 40{,}459 \text{ »}$$

$$_{10}M_0 = 29{,}151 \cdot 0{,}7 - \frac{0{,}36 \cdot 0{,}7^2}{2} \qquad = 20{,}318 \text{ »}$$

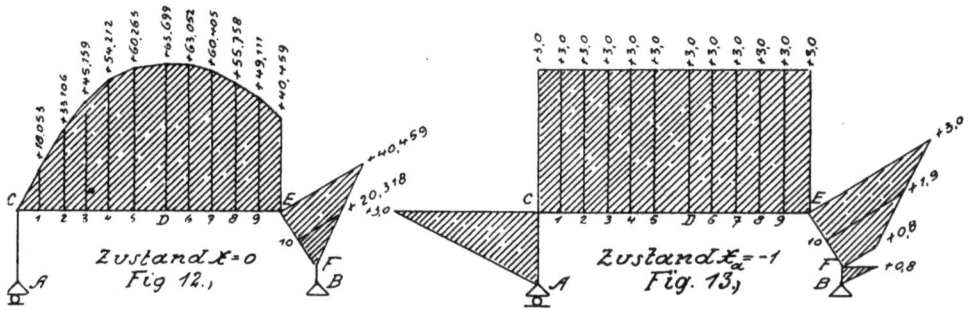

Zustand $X=0$
Fig. 12.

Zustand $X_a=-1$
Fig. 13.

Die M_0-Linie ist eine Kurve, die zwischen den einzelnen Teilflächen genügend genau durch Gerade ersetzt werden kann, so daß sich die M_0-Fläche als eine Summe von Dreiecken und Trapezen ergibt.

Zur Bildung von δ_{0a} und δ_{0b} ist die M_a-Fläche, bzw. die M_b-Fläche über den einzelnen Stäben in die gleichen Abschnitte zu teilen wie die entsprechende M_0-Fläche. Fig. 12 zeigt noch einmal die M_0-Fläche. In den Fig. 13 und 14 sind die den Teilpunkten 1, 2, 3, 4 .... entsprechenden Werte der Biegungsmomente für die Zustände $X_a = -1$ und $X_b = -1$ eingetragen.

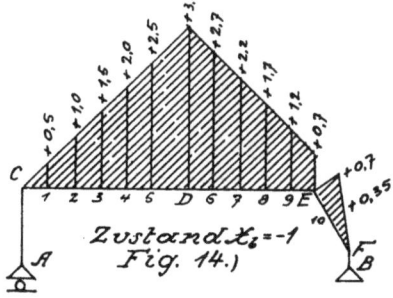

Zustand $X_b=-1$
Fig. 14.

— 60 —

Nun ist: $\delta_{0a} = \int M_0 M_a dx$, wobei M_0 das Biegungsmoment für den Zustand $X = 0$, M_a das Biegungsmoment für den Zustand $X_a = -1$ bedeutet.

δ_{0a} : $\dfrac{1,0}{2}$ 3,0 · 18,053 $\qquad = \qquad$ 27,0795

$\dfrac{1,0}{2}$ 3,0 · (18,053 + 33,106) $\qquad = \qquad$ 76,7385

$\dfrac{1,0}{2}$ 3,0 · (33,106 + 45,159) $\qquad = \qquad$ 117,3975

$\dfrac{1,0}{2}$ 3,0 · (45,159 + 54,212) $\qquad = \qquad$ 149,0565

$\dfrac{1,0}{2}$ 3,0 · (54,212 + 60,265) $\qquad = \qquad$ 171,7155

$\dfrac{1,4}{2}$ 3,0 · (60,265 + 63,699) $\qquad = \qquad$ 260,3244

$\dfrac{1,0}{2}$ 3,0 · (63,699 + 63,052) $\qquad = \qquad$ 190,1265

$\dfrac{1,0}{2}$ 3,0 · (63,052 + 60,405) $\qquad = \qquad$ 185,1855

$\dfrac{1,0}{2}$ 3,0 · (60,405 + 55,758) $\qquad = \qquad$ 174,2445

$\dfrac{1,0}{2}$ 3,0 · (55,758 + 49,111) $\qquad = \qquad$ 157,3035

$\dfrac{1,0}{2}$ 3,0 · (49,111 + 40,459) $\qquad = \qquad$ 134,3550

$\dfrac{1,304}{6}$ [3,0 (2 · 40,459 + 20,318) + 1,9 (2 · 20,318 + 40,459)] $=$ 99,4927

$\dfrac{1,304}{6}$ · 20,318 (2 · 1,9 + 0,8) $\qquad = \qquad$ 20,3126

$\delta_{0a} = 1763{,}3322.$

Endlich ist:
$$\delta_{0b} = \int M_0 M_b dx,$$
wobei M_0 das Biegungsmoment für den Zustand $X = 0$, M_b das Biegungsmoment für den Zustand $X_b = -1$ bedeutet.

δ_{0b}:

$\dfrac{1,0}{3}$ · 18,053 · 0,5 $\qquad\qquad$ 3,0088

$\dfrac{1,0}{6}$ [18,053 (2 · 0,5 + 1,0) + 33,106 (2 · 1,0 + 0,5)] $=$ 19,8118

$\dfrac{1,0}{6}$ [33,106 (2 · 1,0 + 1,5) + 45,159 (2 · 1,5 + 1,0)] $=$ 49,4178

$\dfrac{1,0}{6}$ [45,159 (2 · 1,5 + 2,0) + 54,212 (2 · 2,0 + 1,5)] $=$ 87,3268

$\dfrac{1,0}{6}$ [54,212 (2 · 2,0 + 2,5) + 60,265 (2 · 2,5 + 2,0)] $=$ 129,0388

$\frac{1,4}{6}$ [60,265 (2 · 2,5 + 3,2) + 63,699 (2 · 3,2 + 2,5)] = 247,5886

$\frac{1,0}{6}$ [63,699 (2 · 3,2 + 2,7) + 63,052 (2 · 2,7 + 3,2)] = 186,9847

$\frac{1,0}{6}$ [63,052 (2 · 2,7 + 2,2) + 60,405 (2 · 2,2 + 2,7)] = 151,3451

$\frac{1,0}{6}$ [60,405 (2 · 2,2 + 1,7) + 55,758 (2 · 1,7 + 2,2)] = 113,4526

$\frac{1,0}{6}$ [55,758 (2 · 1,7 + 1,2) + 49,111 (2 · 1,2 + 1,7)] = 76,3070

$\frac{1,0}{6}$ [49,111 (2 · 1,2 + 0,7) + 40,459 (2 · 0,7 + 1,2)] = 42,9063

$\frac{1,304}{6}$ [40,459 (2 · 0,7 + 0,35) + 20,318 (2 · 0,35 + 0,7)] = 21,5700

$\frac{1,304}{6}$ 20,318 · 0,35 = 3,0910

$\overline{\qquad\qquad\qquad\qquad\qquad\qquad\qquad\qquad}$

$\delta_{0b} = 1131,8493$

Die Gleichungen zur Bestimmung der beiden Unbekannten lauten:

$$122,24\, X_a + 62\,039\, X_b = 1763,3$$
$$62,039\, X_a + 43,888\, X_b = 1131,8.$$

Aus diesen Gleichungen ergibt sich:

$$X_a = 4,719 \text{ t} \quad \text{und} \quad X_b = 19,12 \text{ t}.$$

II. Berechnung der am Rahmen wirksamen Auflagerdrücke.

$$A = A_0 - A_a X_a - A_b X_b = 19,553 - \frac{1}{2} 19,12 = 9,993 \text{ t,}$$

$$B = B_0 - B_a X_a - B_b X_b = 29,151 - \frac{1}{2} 19,12 = 19,591 \text{ t.}$$

III. Berechnung der am Rahmen zur Wirkung kommenden Momente M nach der Gleichung:

$$M = M_0 - M_a X_a - M_b X_b.$$

$M_C = -\,4{,}719 \cdot 3 \qquad\qquad\qquad\qquad = -\,14{,}157$ tm
$M_1 = 18{,}053 - 4{,}719 \cdot 3 - 0{,}5 \cdot 19{,}12 = -\,5{,}664$ tm
$M_2 = 33{,}106 - 4{,}719 \cdot 3 - 1{,}0 \cdot 19{,}12 = -\,0{,}171$ »
$M_3 = 45{,}159 - 4{,}719 \cdot 3 - 1{,}5 \cdot 19{,}12 = +\,2{,}322$ »
$M_4 = 54{,}212 - 4{,}719 \cdot 3 - 2{,}0 \cdot 19{,}12 = +\,1{,}815$ »
$M_5 = 60{,}265 - 4{,}719 \cdot 3 - 2{,}5 \cdot 19{,}12 = -\,1{,}692$ »
$M_D = 63{,}699 - 4{,}719 \cdot 3 - 3{,}2 \cdot 19{,}12 = -\,11{,}642$ »
$M_6 = 63{,}052 - 4{,}719 \cdot 3 - 2{,}7 \cdot 19{,}12 = -\,2{,}729$ »
$M_7 = 60{,}405 - 4{,}719 \cdot 3 - 2{,}2 \cdot 19{,}12 = +\,4{,}184$ »
$M_8 = 55{,}758 - 4{,}719 \cdot 3 - 1{,}7 \cdot 19{,}12 = +\,9{,}097$ »
$M_9 = 49{,}111 - 4{,}719 \cdot 3 - 1{,}2 \cdot 19{,}12 = +\,12{,}010$ »
$M_E = 40{,}459 - 4{,}719 \cdot 3 - 0{,}7 \cdot 19{,}12 = +\,12{,}918$ »
$M_{10} = 20{,}318 - 4{,}719 \cdot 1{,}9 - 0{,}35 \cdot 19{,}12 = +\,4{,}660$ »
$M_F = -\,0{,}8 \cdot 4{,}719 \qquad\qquad\qquad\qquad = -\,3{,}775$ »

In Fig. 15 sind der Momentenverlauf über den einzelnen Stäben des Rahmens für senkrechte Belastung, die Auflagerkräfte, der Horizontalschub und der Druck in der Pendelsäule angegeben.

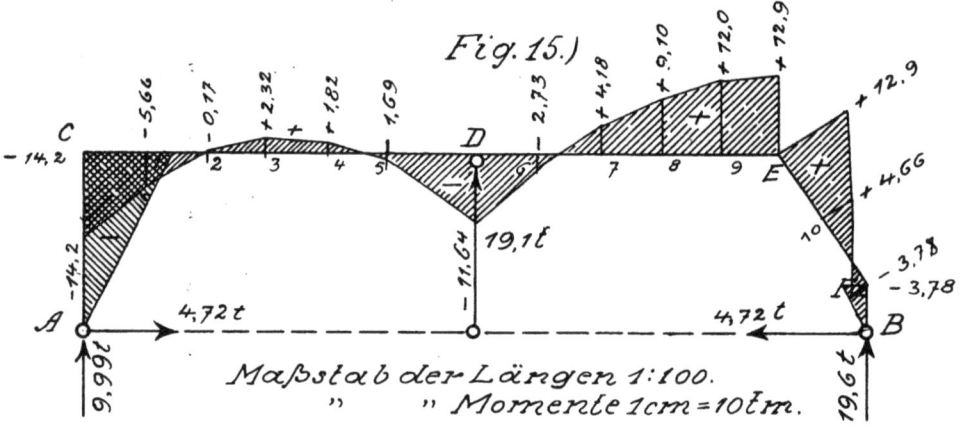

b) **Untersuchung für horizontale Belastung (Winddruck).**

In Fig. 16 ist das Belastungsschema der Windbelastung angegeben, durch welche die senkrechten Auflagerdrücke A (aufwärts wirkend) und B (abwärts wirkend), Horizontalschub X_a links, $W - X_a$ rechts, sowie der senkrechte Stützendruck in der Pendelsäule hervorgerufen werden.

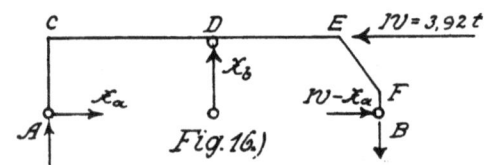

I. Zur Bestimmung der beiden Unbekannten X_a und X_b gelten wieder die Gleichungen:

$$\delta_{aa} X_a + \delta_{ba} X_b = \delta_{0a}$$
$$\delta_{ab} X_a + \delta_{bb} X_b = \delta_{0b}.$$

Für δ_{aa}, $\delta_{ab} = \delta_{ba}$ und δ_{bb} ergeben sich die gleichen Werte wie unter a), da diese Werte nur von der Form des Rahmens abhängig sind.

Es ist somit

$$\delta_{aa} = 122{,}24, \quad \delta_{ab} = \delta_{ba} = 62{,}039 \quad \text{und} \quad \delta_{bb} = 43{,}888.$$

Zur Berechnung von δ_{0a} und δ_{0b} ist der Zustand $X = 0$ zu bilden und zunächst die dabei auftretenden Auflagerkräfte und Biegungsmomente zu ermitteln (siehe Fig. 17). Die M_0-Fläche führt hier zu geradlinig begrenzten Figuren.

Auflagerkräfte:

$$A_0 \text{ (aufwärts wirkend)} = \frac{3{,}92 \cdot 3}{12{,}8} = 0{,}91875 \text{ t},$$

$$B_0 \text{ (abwärts wirkend)} = \frac{3{,}92 \cdot 3}{12{,}8} = 0{,}91875 \text{ t},$$

W (horizontal am Auflager B wirkend) $= 3{,}92$ t.

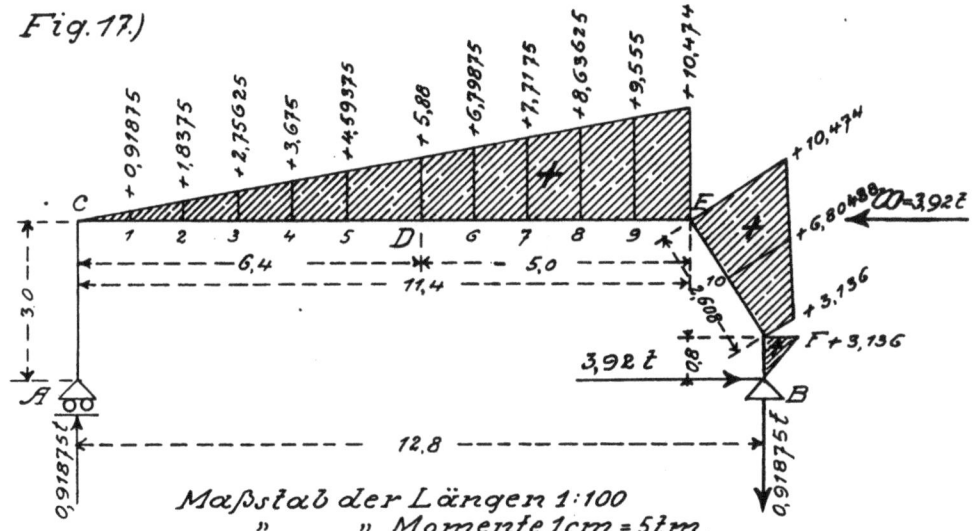

Fig. 17.) Zustand X=0.

Maßstab der Längen 1:100
„   „   Momente 1cm = 5tm.

Biegungsmomente:

$$_1M_0 = 0{,}91875 \cdot 1{,}0 = 0{,}91875 \text{ tm}$$
$$_2M_0 = 0{,}91875 \cdot 2{,}0 = 1{,}8375 \text{ »}$$
$$_3M_0 = 0{,}91875 \cdot 3{,}0 = 2{,}75625 \text{ »}$$
$$_4M_0 = 0{,}91875 \cdot 4{,}0 = 3{,}675 \text{ »}$$
$$_5M_0 = 0{,}91875 \cdot 5{,}0 = 4{,}59375 \text{ »}$$
$$_DM_0 = 0{,}91875 \cdot 6{,}4 = 5{,}88 \text{ »}$$
$$_6M_0 = 0{,}91875 \cdot 7{,}4 = 6{,}79875 \text{ »}$$
$$_7M_0 = 0{,}91875 \cdot 8{,}4 = 7{,}7175 \text{ »}$$
$$_8M_0 = 0{,}91875 \cdot 9{,}4 = 8{,}63625 \text{ »}$$
$$_9M_0 = 0{,}91875 \cdot 10{,}4 = 9{,}555 \text{ »}$$
$$_EM_0 = 0{,}91875 \cdot 11{,}4 = 10{,}474 \text{ »}$$
$$_{10}M_0 = 3{,}92 \quad \cdot 1{,}9 = \; 0{,}91875 \cdot 0{,}7 = 6{,}80488 \text{ tm}$$
$$_FM_0 = 3{,}92 \quad \cdot 0{,}8 = \; 3{,}136 \text{ tm.}$$

Nun ist:

$$\delta_{0a} = \int M_0 M_a \, dx$$

$$= \frac{11{,}4}{2} \cdot 3{,}0 \cdot 10{,}474 \qquad\qquad = 179{,}1054$$

$$+ \frac{2{,}608}{6} [10{,}474 (2 \cdot 3{,}0 + 0{,}8) + 3{,}136 (2 \cdot 0{,}8 + 3{,}0)] = 37{,}2287$$

$$+ \frac{0{,}8}{3} \cdot 0{,}8 \cdot 3{,}136 \qquad\qquad\qquad = 0{,}6690$$

$$\overline{\delta_{0a} = 217{,}0031}$$

Ferner ist:

$$\delta_{0b} = \int M_0 M_b \, dx$$

$$= \frac{6{,}4}{3} \cdot 5{,}88 \cdot 3{,}2 \qquad\qquad\qquad\qquad = 40{,}1408$$

$$+ \frac{5{,}0}{6} [5{,}88 (2 \cdot 3{,}2 + 0{,}7) + 10{,}474 (2 \cdot 0{,}7 + 3{,}2)] = 74{,}9403$$

$$+ \frac{2{,}608}{6} \cdot 0{,}7 (2 \cdot 10{,}474 + 3{,}136) \qquad\qquad = 7{,}3280$$

$$\overline{\delta_{0b} = 122{,}4091}$$

Die Gleichungen zur Bestimmung der beiden Unbekannten lauten:

$$122{,}24 \; X_a + 62{,}039 \; X_b = 217{,}00$$
$$62{,}039 \; X_a + 43{,}888 \; X_b = 122{,}41.$$

Hieraus ergibt sich:

$$X_a = 1{,}273 \text{ t und } X_b = 0{,}990 \text{ t}.$$

II. Berechnung der am Rahmen wirksamen, senkrechten Auflagerdrücke.

$$A = A_0 - A_a X_a - A_b X_b = \quad 0{,}91875 - \frac{1}{2} 0{,}990 = \quad 0{,}42375 \text{ t (aufwärts)},$$

$$B = B_0 - B_a X_a - B_b X_b = -\, 0{,}91875 - \frac{1}{2} 0{,}990 = -\, 1{,}41375 \text{ t (abwärts)}.$$

III. Berechnung der am Rahmen zur Wirkung kommenden Momente M nach der Gleichung $M = M_0 - M_a X_a - M_b X_b$:

$$M_C = -\, 1{,}273 \cdot 3 \qquad\qquad\qquad\qquad\qquad = -\, 3{,}819 \text{ tm}$$
$$M_1 = \quad 0{,}91875 - 1{,}273 \cdot 3 - 0{,}5 \cdot 0{,}99 = -\, 3{,}3953 \text{ »}$$
$$M_2 = \quad 1{,}8375 \;\; - 1{,}273 \cdot 3 - 1{,}0 \cdot 0{,}99 = -\, 2{,}9716 \text{ »}$$
$$M_3 = \quad 2{,}7563 \;\; - 1{,}273 \cdot 3 - 1{,}5 \cdot 0{,}99 = -\, 2{,}5477 \text{ »}$$
$$M_4 = \quad 3{,}6750 \;\; - 1{,}273 \cdot 3 - 2{,}0 \cdot 0{,}99 = -\, 2{,}1240 \text{ »}$$
$$M_5 = \quad 4{,}5938 \;\; - 1{,}273 \cdot 3 - 2{,}5 \cdot 0{,}99 = -\, 1{,}7000 \text{ »}$$
$$M_D = \quad 5{,}8800 \;\; - 1{,}273 \cdot 3 - 3{,}2 \cdot 0{,}99 = -\, 1{,}1070 \text{ »}$$
$$M_6 = \quad 6{,}7988 \;\; - 1{,}273 \cdot 3 - 2{,}7 \cdot 0{,}99 = +\, 0{,}3068 \text{ »}$$
$$M_7 = \quad 7{,}7175 \;\; - 1{,}273 \cdot 3 - 2{,}2 \cdot 0{,}99 = +\, 1{,}7205 \text{ »}$$
$$M_8 = \quad 8{,}6363 \;\; - 1{,}273 \cdot 3 - 1{,}7 \cdot 0{,}99 = +\, 3{,}1343 \text{ »}$$
$$M_9 = \quad 9{,}5550 \;\; - 1{,}273 \cdot 3 - 1{,}2 \cdot 0{,}99 = +\, 4{,}5480 \text{ »}$$
$$M_E = 10{,}4740 \;\; - 1{,}273 \cdot 3 - 0{,}7 \cdot 0{,}99 = +\, 5{,}9620 \text{ »}$$
$$M_{10} = \quad 6{,}8049 \;\; - 1{,}273 \cdot 1{,}9 - 0{,}35 \cdot 0{,}99 = +\, 4{,}0397 \text{ »}$$
$$M_F = \quad 3{,}1360 \;\; - 0{,}8 \cdot 1{,}273 \qquad\qquad = +\, 2{,}1180 \text{ »}$$

In Fig. 18 sind der Momentenverlauf über den einzelnen Stäben des Rahmens für Windbelastung, die Auflagerkräfte in vertikaler und horizontaler Richtung und der Druck in der Pendelsäule angegeben.

Aus den obigen Untersuchungen sind die ungünstigsten Momente zu ermitteln und der Dimensionierung bzw. dem Spannungsnachweis in den Rahmenquerschnitten zugrunde zu legen.

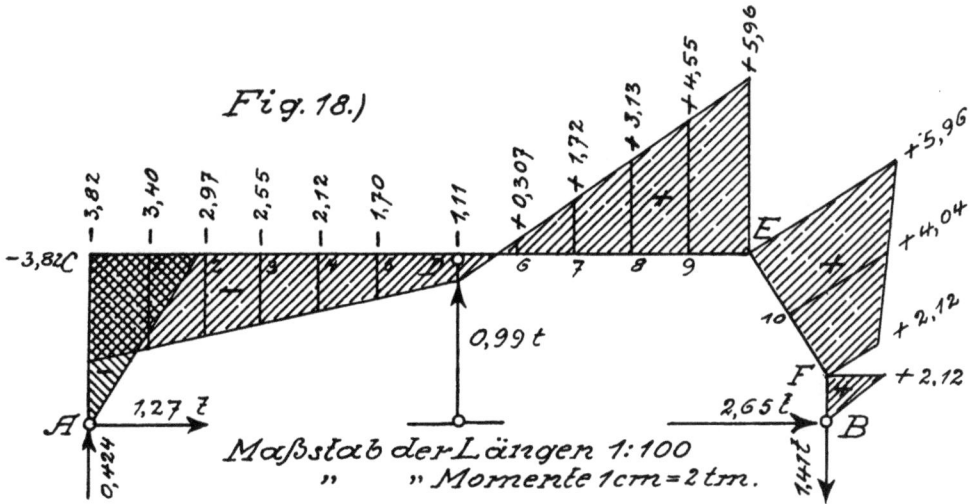

C. Sonderfälle.

Als Sonderfälle sind der rechteckige Zweigelenkrahmen mit einer Pendelsäule in der Mitte der Spannweite oder an beliebiger Stelle, ferner der rechteckige Zweigelenkrahmen mit zwei in den Drittelspunkten der Spannweite stehenden Pendelsäulen behandelt[1]).

Für die statisch Unbekannten sind für alle möglichen Belastungsfälle fertig entwickelte Formeln gegeben, mit deren Hilfe sofort der Wert der statisch Unbekannten nach Einsetzung der gegebenen Form- und Belastungsgrößen auf elementare Weise ermittelt werden kann.

Belastungsfall	Statisch Unbekannte

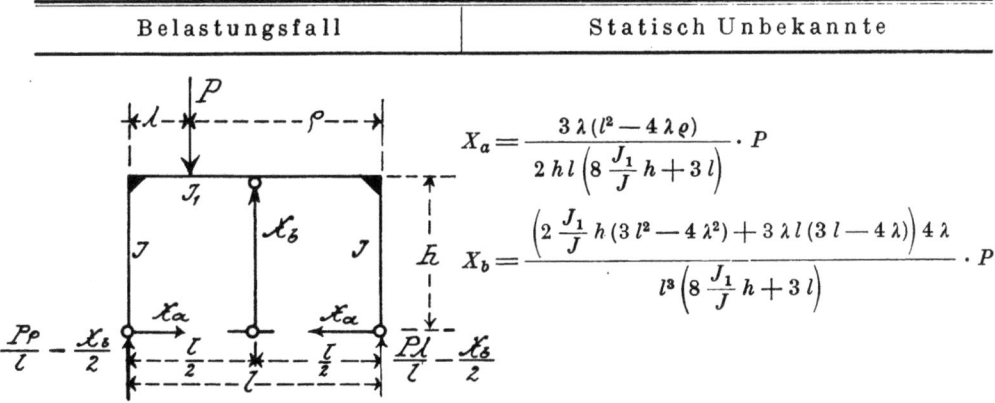

---

[1]) Für den Zweigelenkrahmen mit 2 Pendelsäulen in den Drittelspunkten der Spannweite wurden zum erstenmal gebundene Formeln für die statisch Unbekannten dieses Rahmens von G. Kaufmann, nach einer anderen Methode ermittelt, in der Zeitschrift »Der Eisenbau«, Heft 17, Jahr 1913, bekanntgegeben.

— 66 —

Belastungsfall	Statisch Unbekannte
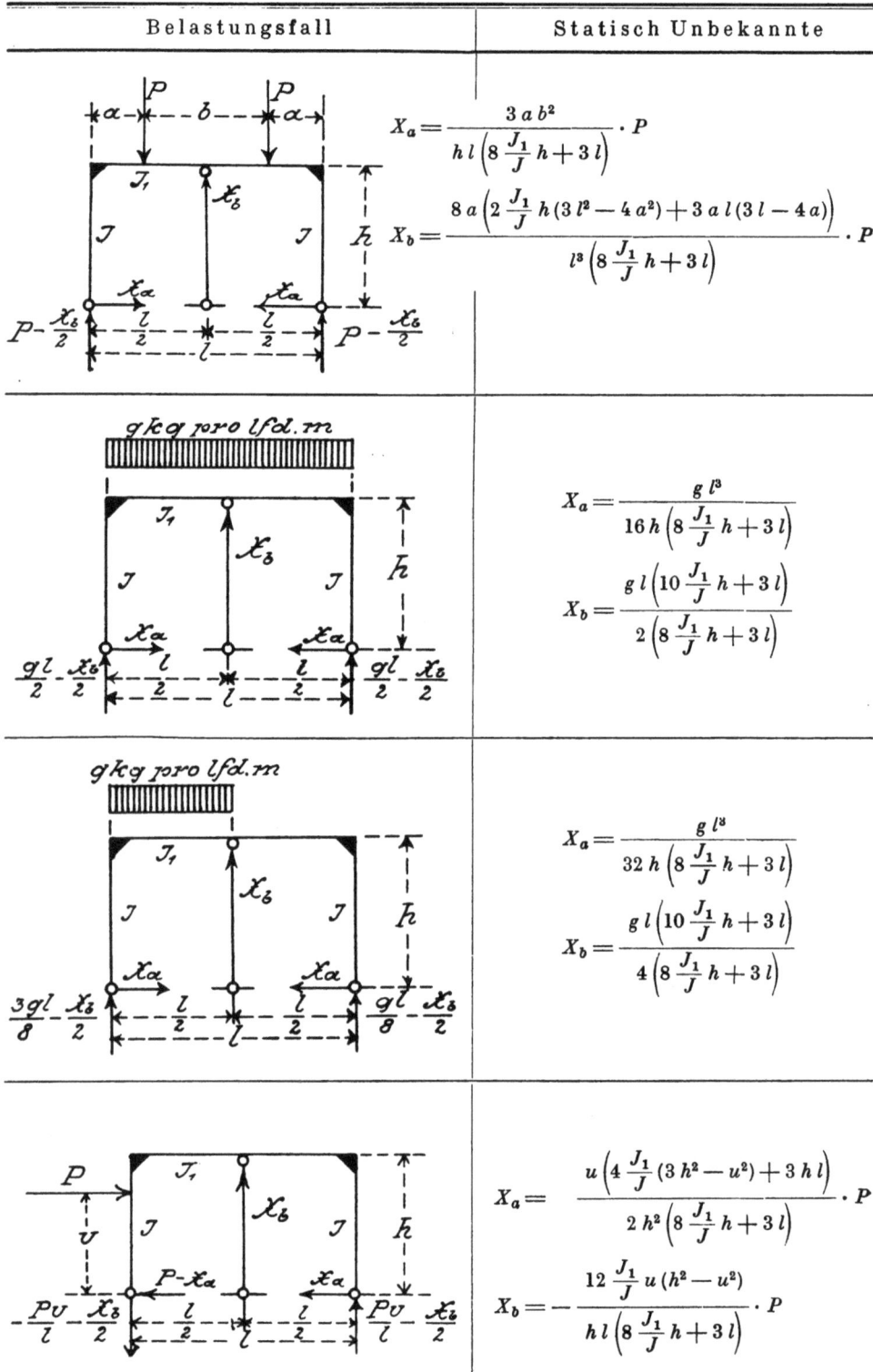	$X_a = \dfrac{3\,a\,b^2}{h\,l\left(8\dfrac{J_1}{J}h + 3\,l\right)} \cdot P$ $X_b = \dfrac{8\,a\left(2\dfrac{J_1}{J}h(3\,l^2 - 4\,a^2) + 3\,a\,l(3\,l - 4\,a)\right)}{l^3\left(8\dfrac{J_1}{J}h + 3\,l\right)} \cdot P$ $X_a = \dfrac{g\,l^3}{16\,h\left(8\dfrac{J_1}{J}h + 3\,l\right)}$ $X_b = \dfrac{g\,l\left(10\dfrac{J_1}{J}h + 3\,l\right)}{2\left(8\dfrac{J_1}{J}h + 3\,l\right)}$ $X_a = \dfrac{g\,l^3}{32\,h\left(8\dfrac{J_1}{J}h + 3\,l\right)}$ $X_b = \dfrac{g\,l\left(10\dfrac{J_1}{J}h + 3\,l\right)}{4\left(8\dfrac{J_1}{J}h + 3\,l\right)}$ $X_a = \dfrac{u\left(4\dfrac{J_1}{J}(3\,h^2 - u^2) + 3\,h\,l\right)}{2\,h^2\left(8\dfrac{J_1}{J}h + 3\,l\right)} \cdot P$ $X_b = -\dfrac{12\dfrac{J_1}{J}u(h^2 - u^2)}{h\,l\left(8\dfrac{J_1}{J}h + 3\,l\right)} \cdot P$

Belastungsfall	Statisch Unbekannte
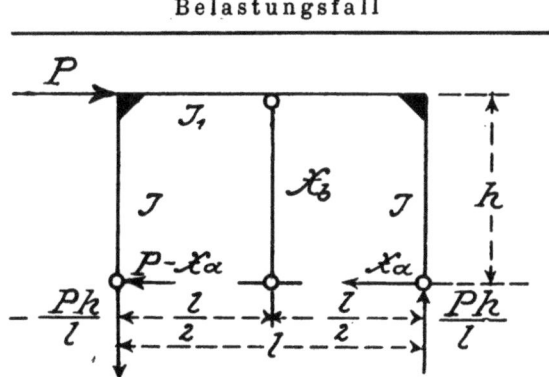	$X_a = \dfrac{1}{2} P$ $X_b = 0$
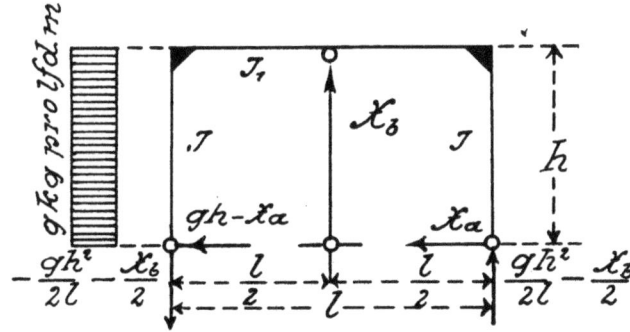	$X_a = \dfrac{g h \left(10 \dfrac{J_1}{J} h + 3 l\right)}{4 \left(8 \dfrac{J_1}{J} h + 3 l\right)}$ $X_b = - \dfrac{3 \dfrac{J_1}{J} g h^3}{l \left(8 \dfrac{J_1}{J} h + 3 l\right)}$
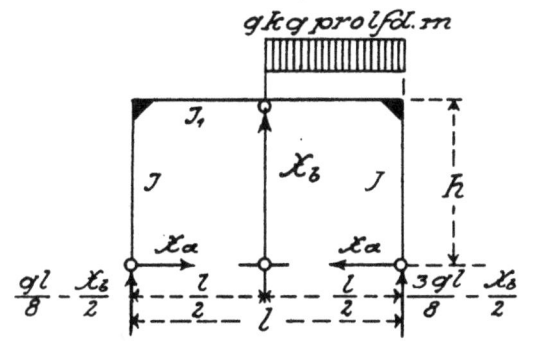	$X_a = \dfrac{g l^3}{32 h \left(8 \dfrac{J_1}{J} h + 3 l\right)}$ $X_b = \dfrac{g l \left(10 \dfrac{J_1}{J} h + 3 l\right)}{4 \left(8 \dfrac{J_1}{J} h + 3 l\right)}$
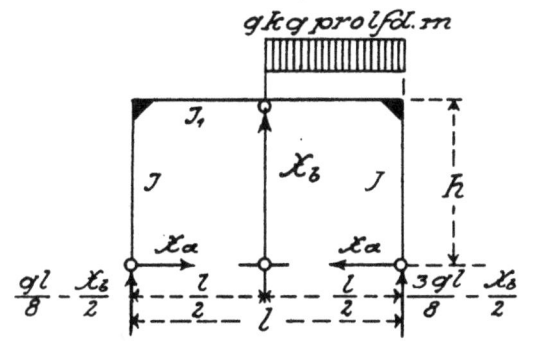	$X_a = \dfrac{3 \lambda (l^2 - 4 \lambda \varrho)}{2 h l \left(8 \dfrac{J_1}{J} h + 3 l\right)} \cdot P$ $X_b = \dfrac{\left(2 \dfrac{J_1}{J} h (3 l^2 - 4 \lambda^2) + 3 \lambda l (3 l - 4 \lambda)\right) 4 \lambda}{l^3 \left(8 \dfrac{J_1}{J} h + 3 l\right)} \cdot P$

— 68 —

Belastungsfall	Statisch Unbekannte
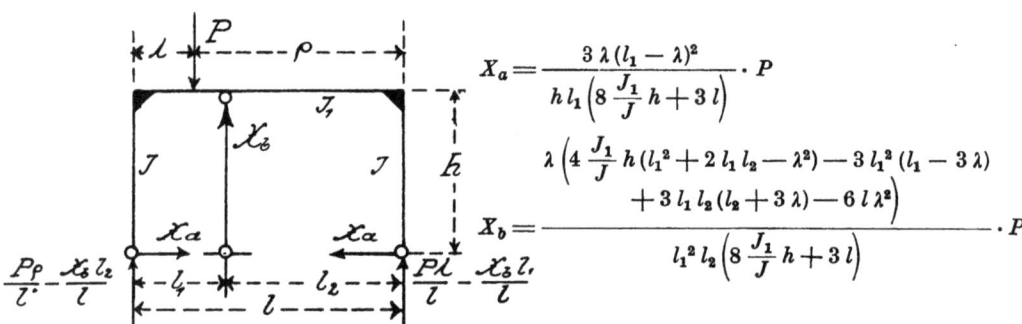	$X_a = \dfrac{3\lambda(l_1-\lambda)^2}{h\,l_1\left(8\dfrac{J_1}{J}h+3l\right)} \cdot P$ $X_b = \dfrac{\lambda\left(4\dfrac{J_1}{J}h(l_1{}^2+2l_1l_2-\lambda^2)-3l_1{}^2(l_1-3\lambda)+3l_1l_2(l_2+3\lambda)-6l\lambda^2\right)}{l_1{}^2 l_2\left(8\dfrac{J_1}{J}h+3l\right)} \cdot P$
	$X_a = \dfrac{3\lambda(l_2-\lambda)^2}{h\,l_2\left(8\dfrac{J_1}{J}h+3l\right)} \cdot P$ $X_b = \dfrac{\lambda\left(4\dfrac{J_1}{J}h(l_2{}^2+2l_1l_2-\lambda^2)-3l_2{}^2(l_2-3l)+3l_1l_2(l_1+3\lambda)-6l\lambda^2\right)}{l_1 l_2{}^2\left(8\dfrac{J_1}{J}h+3l\right)} \cdot P$
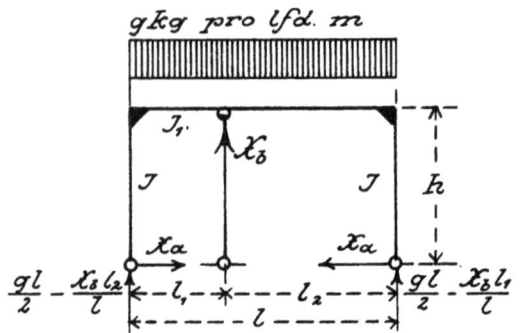	$X_a = \dfrac{g\,l(l^2-3l_1l_2)}{4h\left(8\dfrac{J_1}{J}h+3l\right)}$ $X_b = \dfrac{g\,l\left(8\dfrac{J_1}{J}h(l^2+l_1l_2)+12\,l\,l_1l_2\right)}{8\,l_1l_2\left(8\dfrac{J_1}{J}h+3l\right)}$
	$X_a = \dfrac{g\,l_1{}^3}{4h\left(8\dfrac{J_1}{J}h+3l\right)}$ $X_b = \dfrac{g\,l_1\left(2\dfrac{J_1}{J}h(l_1{}^2+5l_1l_2+4l_2{}^2)+3l^2l_2\right)}{2\,l\,l_2\left(8\dfrac{J_1}{J}h+3l\right)}$

— 69 —

Belastungsfall	Statisch Unbekannte
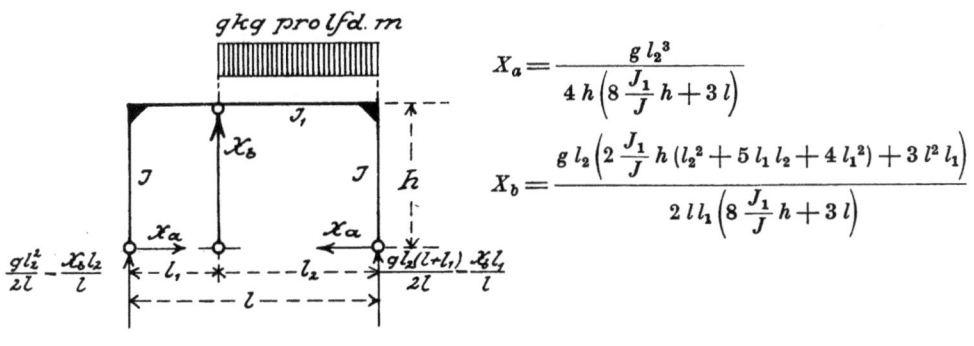	$X_a = \dfrac{g\, l_2^3}{4\, h \left(8\, \dfrac{J_1}{J} h + 3\, l\right)}$ $X_b = \dfrac{g\, l_2 \left(2\, \dfrac{J_1}{J} h\, (l_2^2 + 5\, l_1 l_2 + 4\, l_1^2) + 3\, l^2\, l_1\right)}{2\, l\, l_1 \left(8\, \dfrac{J_1}{J} h + 3\, l\right)}$
	$X_a = \dfrac{u \left(2\, \dfrac{J_1}{J} (3\, h^2 - u^2) + 3\, h\, l_1\right)}{h^2 \left(8\, \dfrac{J_1}{J} h + 3\, l\right)} \cdot P$ $X_b = -\dfrac{u \left[\dfrac{J_1}{J} (h^2 (5\, l - 4\, l_2) - 3\, u^2 l) + 3\, h\, (l_1^2 - l_2^2)\right]}{h\, l_1\, l_2 \left(8\, \dfrac{J_1}{J} h + 3\, l\right)} \cdot P$
	$X_a = \dfrac{4\, \dfrac{J_1}{J} h + 3\, l_1}{8\, \dfrac{J_1}{J} h + 3\, l} \cdot P$ $X_b = -\dfrac{h \left[2\, \dfrac{J_1}{J} h\, (l - 2\, l_2) + 3\, (l_1^2 - l_2^2)\right]}{l_1\, l_2 \left(8\, \dfrac{J_1}{J} h + 3\, l\right)} \cdot P$
	$X_a = \dfrac{u \left(2\, \dfrac{J_1}{J} (3\, h^2 - u^2) + 3\, h\, l_2\right)}{h^2 \left(8\, \dfrac{J_1}{J} h + 3\, l\right)} \cdot P$ $X_b = -\dfrac{u \left[\dfrac{J_1}{J} (h^2 (5\, l - 4\, l_1) - 3\, u^2 l) + 3\, h\, (l_2^2 - l_1^2)\right]}{h\, l_1\, l_2 \left(8\, \dfrac{J_1}{J} h + 3\, l\right)} \cdot P$

Belastungsfall	Statisch Unbekannte
	$X_a = \dfrac{4\dfrac{J_1}{J}h + 3l_2}{8\dfrac{J_1}{J}h + 3l} \cdot P$ $X_b = -\dfrac{h\left[2\dfrac{J_1}{J}h(l-2l_1) + 3(l_2{}^2 - l_1{}^2)\right]}{l_1 l_2 \left(8\dfrac{J_1}{J}h + 3l\right)} \cdot P$
	$X_a = \dfrac{gh\left(5\dfrac{J_1}{J}h + 3l_1\right)}{2\left(8\dfrac{J_1}{J}h + 3l\right)}$ $X_b = -\dfrac{gh^2\left(\dfrac{J_1}{J}h(7l - 8l_2) + 6(l_1{}^2 - l_2{}^2)\right)}{4 l_1 l_2 \left(8\dfrac{J_1}{J}h + 3l\right)}$
	$X_a = \dfrac{gh\left(5\dfrac{J_1}{J}h + 3l_2\right)}{2\left(8\dfrac{J_1}{J}h + 3l\right)}$ $X_b = -\dfrac{gh^2\left(\dfrac{J_1}{J}h(7l - 8l_1) + 6(l_2{}^2 - l_1{}^2)\right)}{4 l_1 l_2 \left(8\dfrac{J_1}{J}h + 3l\right)}$

Belastungsfall und statisch Unbekannte

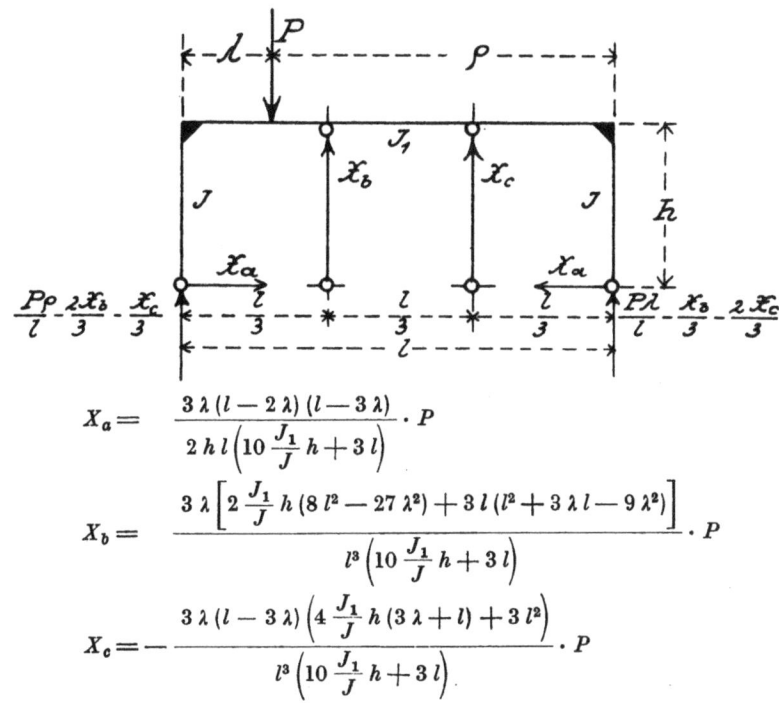

$$X_a = \frac{3\lambda(l-2\lambda)(l-3\lambda)}{2hl\left(10\frac{J_1}{J}h+3l\right)} \cdot P$$

$$X_b = \frac{3\lambda\left[2\frac{J_1}{J}h(8l^2-27\lambda^2)+3l(l^2+3\lambda l-9\lambda^2)\right]}{l^3\left(10\frac{J_1}{J}h+3l\right)} \cdot P$$

$$X_c = -\frac{3\lambda(l-3\lambda)\left(4\frac{J_1}{J}h(3\lambda+l)+3l^2\right)}{l^3\left(10\frac{J_1}{J}h+3l\right)} \cdot P$$

$$X_a = \frac{(l-3\lambda)(2l-3\lambda)}{6h\left(10\frac{J_1}{J}h+3l\right)} \cdot P$$

$$X_b = \frac{2\frac{J_1}{J}h(8l^2(12\lambda-l)+27\lambda^2(5\lambda-8l))+3l(l^2(21\lambda-2l)+9\lambda^2(3\lambda-5l))}{l^3\left(10\frac{J_1}{J}h+3l\right)} \cdot P$$

$$X_c = \frac{2\frac{J_1}{J}h(l^2(7l-69\lambda)+27\lambda^2(7l-5\lambda))+3l(l^2(l-12\lambda)+9\lambda^2(4l-3\lambda))}{l^3\left(10\frac{J_1}{J}h+3l\right)} \cdot P$$

Belastungsfall und statisch Unbekannte

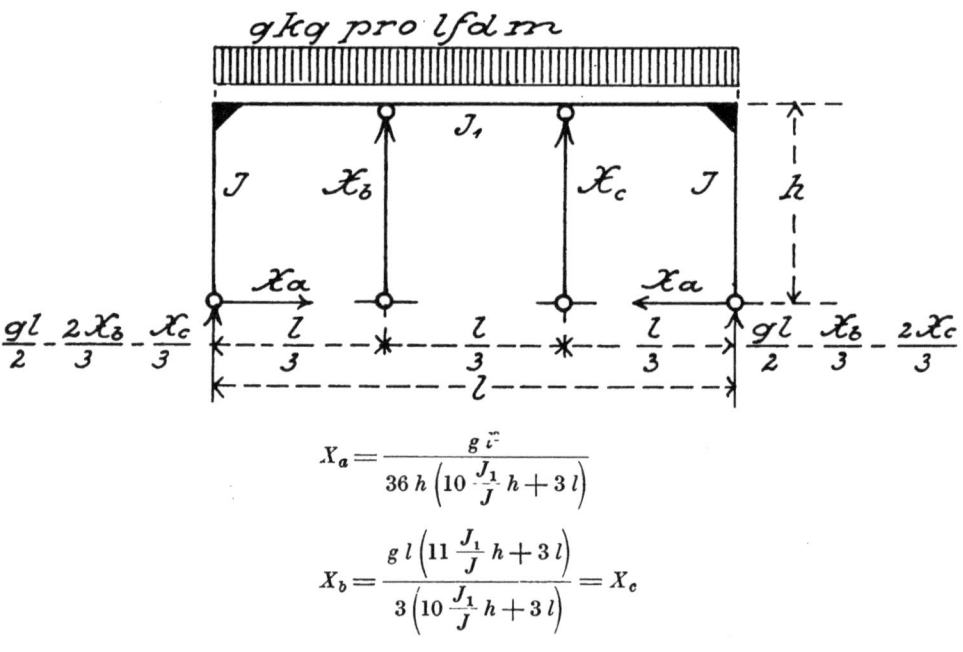

$$X_a = \frac{g\, l^2}{36\, h \left(10\, \frac{J_1}{J} h + 3\, l\right)}$$

$$X_b = \frac{g\, l \left(11\, \frac{J_1}{J} h + 3\, l\right)}{3 \left(10\, \frac{J_1}{J} h + 3\, l\right)} = X_c$$

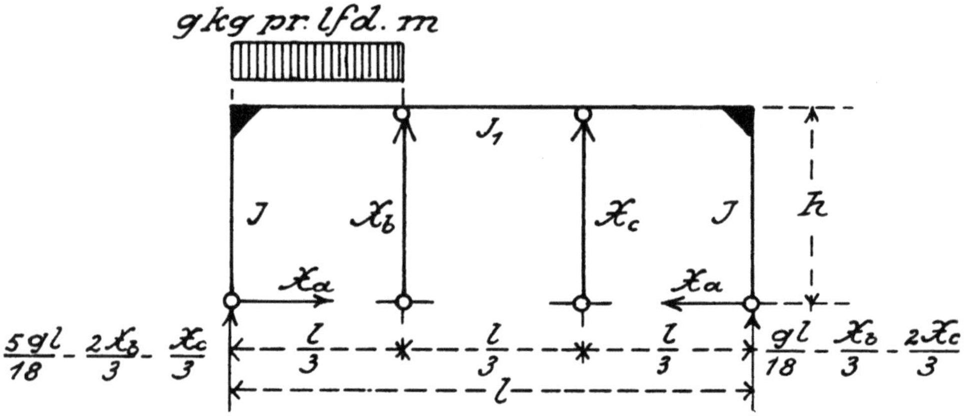

$$X_a = \frac{g\, l^3}{54\, h \left(10\, \frac{J_1}{J} h + 3\, l\right)}$$

$$X_b = \frac{g\, l \left(26\, \frac{J_1}{J} h + 7\, l\right)}{12 \left(10\, \frac{J_1}{J} h + 3\, l\right)}$$

$$X_c = -\frac{g\, l \left(2\, \frac{J_1}{J} h + l\right)}{6 \left(10\, \frac{J_1}{J} h + 3\, l\right)}$$

Belastungsfall und statisch Unbekannte

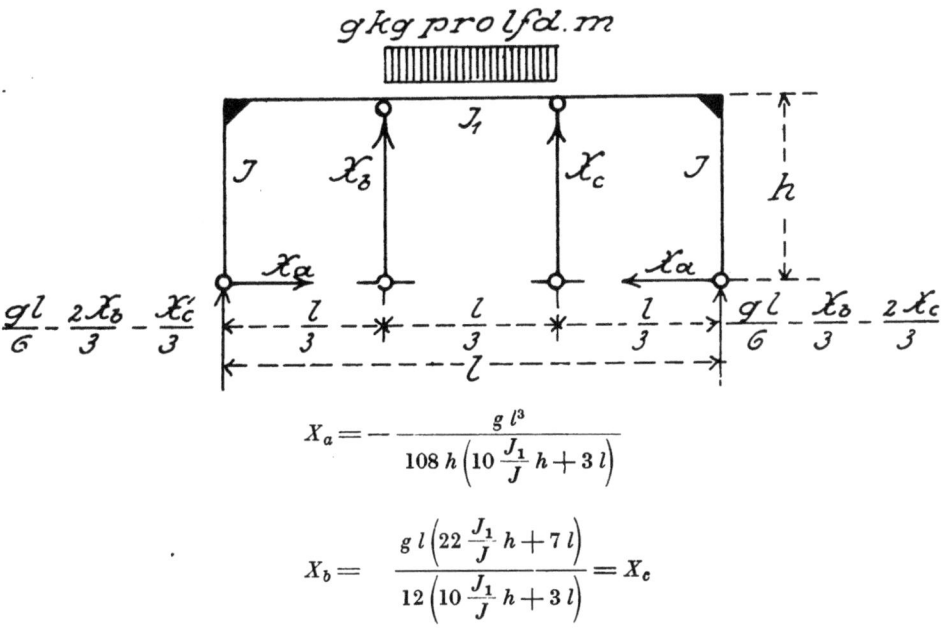

$$X_a = -\frac{g\,l^3}{108\,h\left(10\,\frac{J_1}{J}\,h + 3\,l\right)}$$

$$X_b = \frac{g\,l\left(22\,\frac{J_1}{J}\,h + 7\,l\right)}{12\left(10\,\frac{J_1}{J}\,h + 3\,l\right)} = X_c$$

$$X_a = \frac{u\left(5\,\frac{J_1}{J}(3\,h^2 - u^2) + 3\,h\,l\right)}{2\,h^2\left(10\,\frac{J_1}{J}\,h + 3\,l\right)} \cdot P$$

$$X_b = \frac{3\,u\left(\frac{J_1}{J}(7\,h^2 + 3\,u^2) + 3\,h\,l\right)}{h\,l\left(10\,\frac{J_1}{J}\,h + 3\,l\right)} \cdot P$$

$$X_c = -\frac{3\,u\left(\frac{J_1}{J}(13\,h^2 - 3\,u^2) + 3\,h\,l\right)}{h\,l\left(10\,\frac{J_1}{J}\,h + 3\,l\right)} \cdot P$$

Belastungsfall und statisch Unbekannte

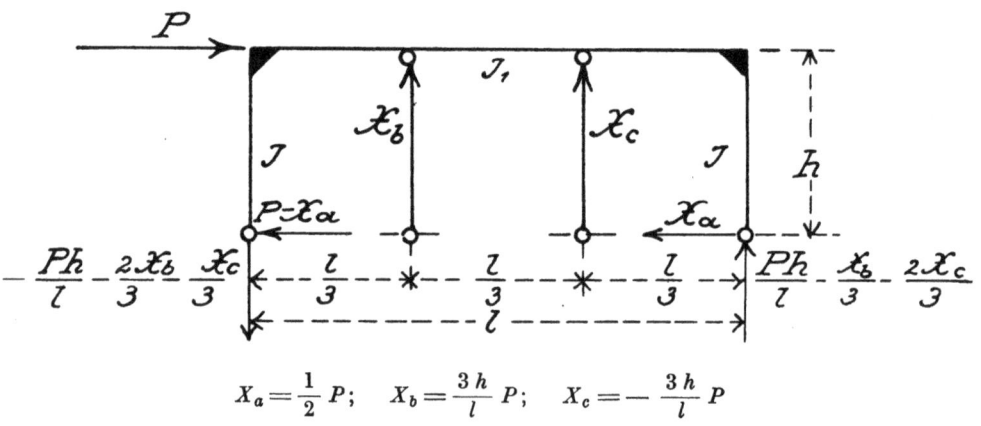

$$X_a = \tfrac{1}{2} P; \quad X_b = \frac{3h}{l} P; \quad X_c = -\frac{3h}{l} P$$

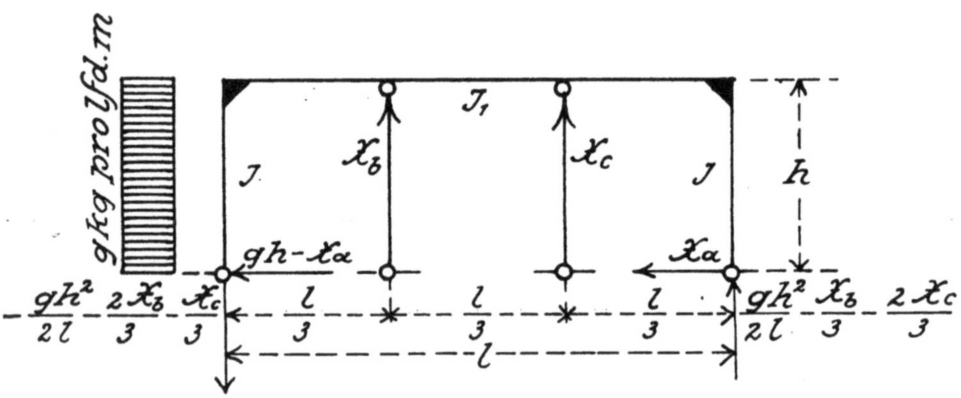

$$X_a = \frac{gh\left(25\frac{J_1}{J}h + 6l\right)}{8\left(10\frac{J_1}{J}h + 3l\right)}$$

$$X_b = \frac{3gh^2\left(17\frac{J_1}{J}h + 6l\right)}{4l\left(10\frac{J_1}{J}h + 3l\right)}$$

$$X_c = -\frac{3gh^2\left(23\frac{J_1}{J}h + 6l\right)}{4l\left(10\frac{J_1}{J}h + 3l\right)}.$$

Literaturnachweis.

Bei der Bearbeitung der »Formelsammlung und Anleitung für die Berechnung von Massivkonstruktionen aus Eisenbeton« wurden folgende Werke verwendet:

»Armierter Beton«, Zeitschrift.
»Bestimmungen für die Ausführung von Konstruktionen aus Eisenbeton bei Hochbauten« des Königl. Preußischen Ministeriums der öffentlichen Arbeiten vom 24. Mai 1907.
»Betonkalender«.
»Berichte der Hauptversammlungen des Deutschen Betonvereins«.
»Beton und Eisen«, Zeitschrift.
»Eisen im Hochbau«, Taschenbuch des Stahlwerk-Verbandes A. G., 4. Auflage, 1913.
»Eisenbau«, Zeitschrift.
Mörsch, E., »Der Eisenbetonbau«, 4. Auflage, 1912.
Müller-Breslau, Dr.-Ing. Heinrich, »Die neueren Methoden der Festigkeitslehre und der Statik der Baukonstruktionen«.
Müller-Breslau, Dr.-Ing. Heinrich, »Die graphische Statik der Baukonstruktionen«.
Ritter, W., »Die graphische Statik«.

Printed by Libri Plureos GmbH
in Hamburg, Germany